MINISTÈRE DE L'AGRICULTURE

OFFICE DES RENSEIGNEMENTS AGRICOLES
SERVICE DES ÉTUDES TECHNIQUES

MALADIES
DES PLANTES CULTIVÉES

PAR

M. G. DELACROIX

MAÎTRE DE CONFÉRENCES A L'INSTITUT NATIONAL AGRONOMIQUE
DIRECTEUR DE LA STATION DE PATHOLOGIE VÉGÉTALE

PARIS
IMPRIMERIE NATIONALE

MDCCCCII

MALADIES
DES PLANTES CULTIVÉES

MINISTÈRE DE L'AGRICULTURE

OFFICE DES RENSEIGNEMENTS AGRICOLES

SERVICE DES ÉTUDES TECHNIQUES

MALADIES DES PLANTES CULTIVÉES

PAR

M. LE DR DELACROIX

MAÎTRE DE CONFÉRENCES À L'INSTITUT NATIONAL AGRONOMIQUE

DIRECTEUR DE LA STATION DE PATHOLOGIE VÉGÉTALE

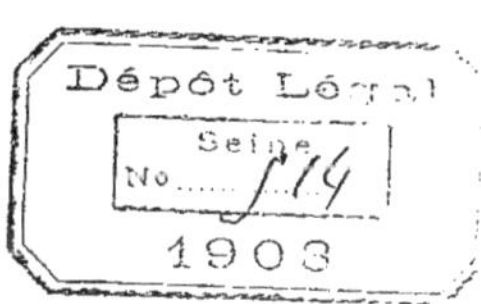

PARIS

IMPRIMERIE NATIONALE

MDCCCCII

MALADIES DES CÉRÉALES.

MALADIES NON PARASITAIRES.

Verse des céréales.

On remarque, au microscope, dans un chaume versé, la minceur notable des parois des éléments fibreux due à l'étiolement qui diminue la résistance de la tige.

Traitement. — L'étiolement de la verse tient au manque de lumière produit par un tallage exagéré. Celui-ci a pour cause, le plus souvent, l'excès d'engrais azotés dans le sol, l'humidité, la trop forte densité du semis.

Pour éviter la verse on veillera : 1° à semer en lignes au semoir; 2° à ramener à une dose rationnelle la quantité d'engrais azotés dans le sol; 3° à diminuer l'humidité du sol par le drainage ou autre moyen approprié; 4° à employer les engrais phosphatés qui contribuent à augmenter la lignification et, par suite, la rigidité du chaume.

Chloranthie du blé.

Déformation qui consiste dans la transformation des épillets en feuilles et amène par suite la stérilité de l'épi. Elle se produit assez souvent lorsque à la suite d'une sécheresse intense, la plante trouve brusquement à sa disposition, et pour des raisons quelconques, chaleur, humidité excessive et engrais azotés copieux rapidement utilisables.

URÉDINÉES. — ROUILLES DES CÉRÉALES.

Rouille linéaire et rouille noire.

(*Puccinia graminis* Persoon.)

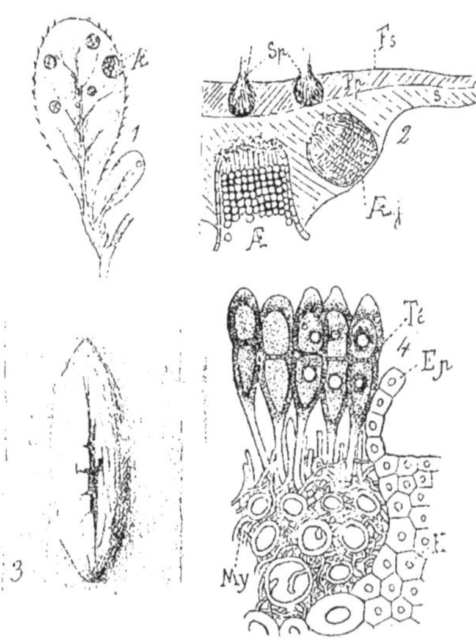

1. Feuille d'épine-vinette (*Berberis vulgaris*) portant sur sa face inférieure la forme Æcidium (*Æcidium Berberidis*) du *Puccinia graminis*. — 2. Coupe transversale schématisée de la même feuille dans la région d'une tache : *F. s*, face supérieure de la feuille ; *P. p*, parenchyme en palissade ; *S*, la portion saine de la feuille, indemne du mycélium, non hypertrophiée ; *Sp*, spermogonie (face supérieure) : *Æ*, æcidium ; *Æ. j*, æcidium jeune (encore fermé). — 3. Portion de feuille de blé portant des téleutospores ; l'épiderme est déchiré. Grossi environ dix fois. (D'après M. Prillieux.) — 4. Coupe transversale d'une tige de blé portant des masses de téleutospores. Le mycélium s'est installé dans la région du parenchyme vert assimilateur : *Té*, téleutospores : *My*, mycélium intercellulaire, envoyant quelques courts rameaux (suçoirs) dans les cellules dissociées ; *Ep*, épiderme déchiré et soulevé ; *H*, hypoderme sclérifié.

Traitement. — Cette espèce attaque le blé, l'orge, l'avoine, semblant constituer sur chacune d'elles une race distincte. Les spores de la rouille linéaire (jaune) en particulier sont atteintes par les sels cupriques et il serait indiqué de combattre la rouille des blés par des pulvérisations de bouillie bordelaise ou autre. Mais les difficultés de l'application rendent l'emploi de ce procédé impossible en pratique. On devra, dans tous les cas, s'adresser de préférence à des variétés douées d'une forte résistance à la rouille et éliminer du voisinage des champs de blé les pieds d'épine-vinette.

Rouille tachetée. — Rouille couronnée.

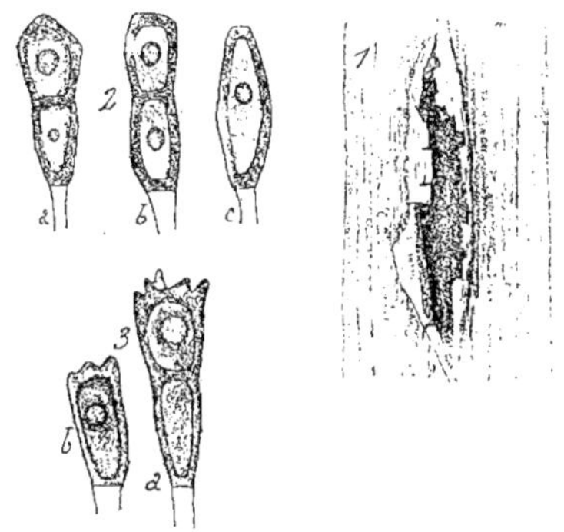

Puccinia Rubigo-vera (De Candolle) Winter (*P. straminis* Fuckel). — 1. Portion de feuille de blé portant un groupe de téleutospores. L'épiderme recouvre la fructification. — 2. *a*, *b*, *c*, différentes formes de téleutospores.
Puccinia coronata Corda, sur l'avoine. — 3. *a*, *b*, téleutospores; en *b*, téleutospore unicellulée.

Traitement. — Le *Puccinia Rubigo-vera* produit la rouille tachetée; il attaque le blé, le seigle, l'orge, mais pas l'avoine.

La rouille couronnée, due au *Puccinia coronata*, ne se voit que sur les avoines et un petit nombre d'autres graminées.

Même traitement que pour le *Puccinia graminis*, en prenant soin, pour le *P. Rubigo-vera*, d'éliminer du voisinage des champs de céréales les borraginées sauvages (buglosses, vipérine), et pour le *Puccinia coronata* les nerpruns (bourdaine, nerprun purgatif, alaterne).

1 .

USTILAGINÉES. — CHARBONS ET CARIE.

Charbon du maïs.

Ustilago Maydis (De Candolle) Corda.

1. Tumeur charbonneuse remplaçant un épi femelle. — 2. Germination de la spore, *Sp*, dans l'eau : *Pr*, promycélium; *Spd*, sporidies naissant aux cloisons. — 3. Sporidie se développant sous forme de levures dans un milieu nutritif.

Charbon du blé.

(Ustilago Tritici Jensen.)

Épi de blé charbonné au moment de la maturité. Les fleurs sont entièrement détruites.

Charbon de l'orge.

(Ustilago Hordei Brefeld.)

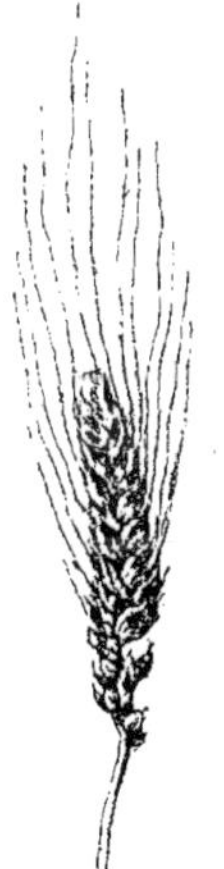

Épi d'orge charbonné.

Charbon de l'avoine.

Ustilago Avenæ (Persoon) Rostrup.

Panicule d'avoine ordinaire charbonné : les bractées (glumelles et parfois glumellules) subsistent seules.

Traitement. — Le traitement des charbons est uniquement préventif. Il comporte les deux indications suivantes :

1° Éviter de jeter aux fumiers les balayures de grenier renfermant les bales et par conséquent, souvent des spores d'Ustilaginées. Pour beaucoup d'espèces, ces spores peuvent se développer dans le fumier, et, lorsque le fumier a été répandu sur le sol, les jeunes plants de céréales sont infectés au moment de la germination ou très peu de temps après;

2° Traiter les semences au sulfate de cuivre, qui empêche le développement des spores.

On utilisera le sulfate de cuivre par l'un des deux procédés suivants :

Procédé de Dombasle modifié. — Faire une solution de sulfate de cuivre à 1 p. 100 dans l'eau, la verser sur le blé disposé en tas, sur un sol dallé de préférence, et tant que le tas de blé retient le liquide, pelleter ensuite ce tas pour imprégner régulièrement le blé, puis saupoudrer avec de la chaux éteinte jusqu'à ce que les grains en soient tous imprégnés. Étendre ensuite sur l'aire pour faire sécher, en remuant fréquemment à la pelle.

Procédé de Kühn. — Il consiste à immerger les grains de blé pendant 12 à 16 heures dans une solution de sulfate de cuivre à 0.50 p. 100 et faire ensuite sécher comme précédemment. On devra observer que ce procédé détruit le plus souvent le pouvoir germinatif d'au moins un quart des graines.

L'action du sulfate de cuivre s'exerce avec beaucoup plus de sûreté sur les graines nues. On comprend, en effet, que pour les semences vêtues la pénétration des liquides se fasse difficilement entre les bales où peuvent néanmoins se loger des spores.

Carie du blé.

Tilletia caries (De Candolle) Tulasne et *Tilletia levis* Kühn.

A. Un grain de blé sain. — B. Un grain de blé carié par le *Tilletia caries*. — C. Grain de blé carié par le *Tilletia levis*. — D. La coupe longitudinale. — 1. Spores de *Tilletia levis*. — 2. Spore de *Tilletia caries*.

Traitement. — Le même que celui des charbons (p. 6).

Charbon du seigle.

(*Urocystis occulta* [Wallroth] Rabenhorst.)

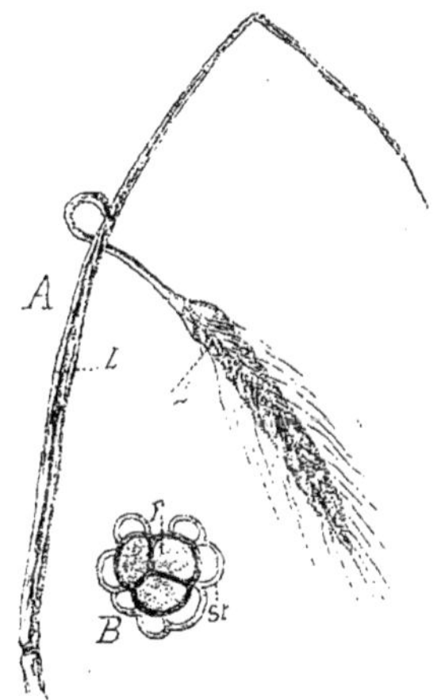

Seigle charbonné portant les lignes noires. L, chargées de spores, sur les feuilles. les gaines. les glumes. — B. Une spore isolée : F, les cellules fertiles; St, cellules stériles à membrane hyaline.

Traitement des charbons (p. 6).

MALADIES DUES À DES ASCOMYCÉTES.

Maladie noire des épis du blé.

Dilophia Graminis (Fuckel) Saccardo.

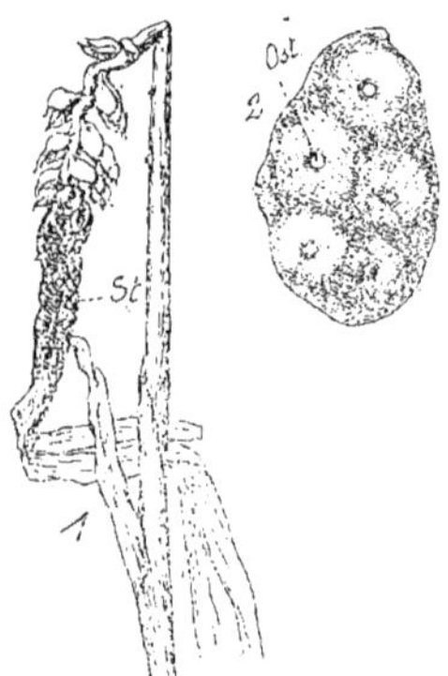

1. Épi de blé déformé par le parasite et incurvé par son adhérence aux gaines : *St*, le stroma noir portant les pycnides. — 2. Coupe tangentielle dans le stroma : *Ost*, ostiole des pycnides.

Traitement. — Cette maladie, heureusement rare, ne sévit guère que sur quelques blés anglais, le *Hickling*, par exemple. On veillera soigneusement à changer la provenance du semis si la maladie apparaît une première fois et à sulfater soigneusement les graines.

Piétin des céréales.

Ophiobolus graminis Saccardo et *Leptosphæria herpotrichoides* de Notaris.

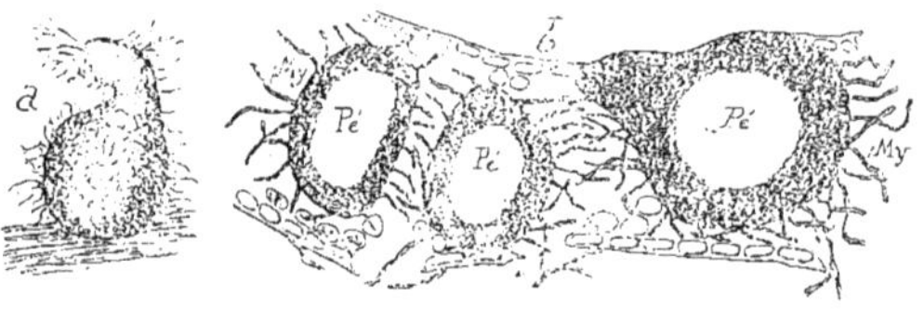

Ophiobolus graminis Saccardo. — *a*. Un périthèce. — *b*. Périthèces jeunes, *Pé*, encore enfermés dans le tissu de la première gaine, détruite peu à peu par le mycélium, *My*, qui persiste autour des périthèces.

Traitement. — Il est simplement préventif. On combattra, s'il y a lieu, l'humidité exagérée par le drainage.

Déchaumer soigneusement après la récolte et brûler les chaumes sur place. Allonger au besoin la durée de l'assolement après l'apparition du piétin par l'interposition d'une légumineuse vivace. Le sainfoin, précédant le blé, est considéré par nombre de cultivateurs comme facilitant l'invasion du piétin.

On veillera à semer en lignes, ce qui généralement atténue le mal.

Noir des céréales.

Traitement. — La maladie, qui est caractérisée par l'apparition de petites moisissures brunes sur les feuilles, les tiges, les glumes et quelquefois le grain, sévit surtout sur les blés d'hiver et en saison très humide. Elle se montre d'ailleurs irrégulièrement sur les sols qui y sont sujets. Drainer, s'il y a lieu, et semer en ligne, ce qui aère le blé et gêne le développement de la moisissure.

Taches jaunes des gaines de blé.

Gibellina cerealis Passerini.

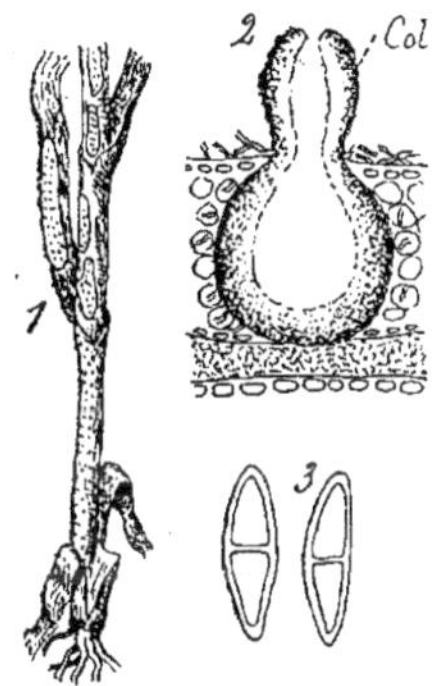

1. Portion d'un chaume de blé montrant les macules fructifères du champignon sur les feuilles et les gaines. — 2. Coupe dans un périthèce : *Col*, son col. Le mycélium stromatisé s'étend entre la gaine et le chaume. — 3. Deux ascospores.

Traitement. — Celui du piétin des céréales (p. 8).

Ergot du seigle.

Claviceps purpurea (Fries) Tulasne.

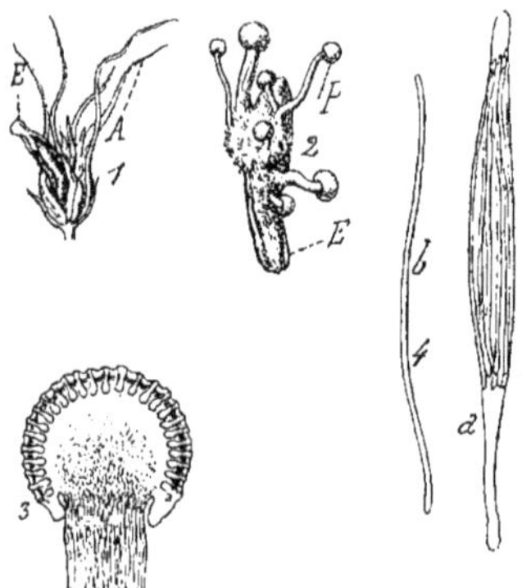

1. Un ergot jeune, *E*, dans une fleur de seigle; *A*, arêtes des glumelles. — 2. Un ergot (*Sclerotium clavus* De Candolle), *E*, présentant la forme ascospore, *P*. — 3. Coupe longitudinale de la forme ascospore; la boule pédicellée est couverte de périthèces s'ouvrant à sa surface. — 4. Un asque octospore en *a*; spore isolée en *b*.

Traitement. — La maladie de l'ergot attaque d'autres céréales et graminées : blé, avoine, orge, vulpins, bromes, fétuques, etc. Mais elle est infiniment plus commune sur le seigle, en Europe au moins. On devra séparer des grains et récolter soigneusement les ergots entiers ou les morceaux d'ergots et les brûler (ils sont très combustibles) ou les vendre aux droguistes. Cultiver de préférence des variétés de seigle tallant peu, dans lesquelles la floraison de tous les épis se fait en même temps, ce qui ne permet pas à la forme conidienne de se répandre successivement dans un très grand nombre de fleurs et diminue par conséquent la proportion de celles détruites par l'ergot.

Il ne faut pas oublier que l'ergot du seigle est vénéneux, par suite de la présence d'un alcaloïde, l'ergotinine, déjà toxique à la dose de quelques milligrammes. L'action constrictive puissante de l'ergotinine sur les muscles lisses des artérioles fait utiliser l'ergot et l'ergotinine en thérapeutique contre les hémorrhagies. C'est pour la même raison que la présence de l'ergot dans le pain de seigle produit une intoxication lente qui se traduit par la gangrène sèche progressive et la chute des extrémités.

Taches jaunes des feuilles de blé.

Septoria Tritici Desmazières
(non *Septoria graminum* Desmazières, d'après Janczewski et Mangin).[1]

Feuille de blé attaquée, avec des macules pâles à contours indécis, présentant les pycnides du champignon.

Traitement. — Cette maladie se développe dans les mêmes conditions que le noir des céréales et que la rouille tachetée, qu'elle accompagne souvent. L'emploi des bouillies cupriques empêcherait la germination des spores, mais pratiquement leur emploi est impossible. On se bornera à drainer les sols trop humides et à semer en lignes si la maladie se montre.

Blanc ou oïdium des céréales.
(*Erysiphe graminis* De Candolle.)

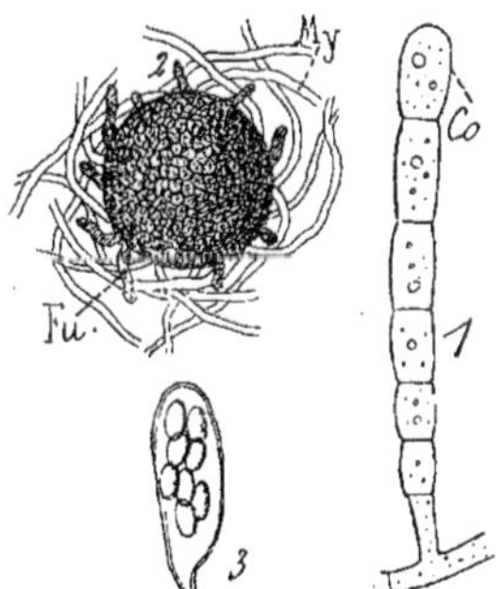

1. Filament fructifère de la forme conidienne (*Oidium monilioides* Link) : *Co*, conidie terminale de la chaîne, mûre, prête à se détacher. — 2. Périthèce enveloppé dans le mycélium, *My*, et portant des appendices bruns, courts, les fulcres, *Fu*. — 3. Asque octospore, différenciée au printemps suivant.

Cette maladie attaque les feuilles des céréales : blé, orge, avoine, seigle et un grand nombre de graminées.

2.

Le seul remède actif est l'emploi de la fleur de soufre en insufflations. (Voir l'oïdium de la vigne, p. 44.)

Maladie du seigle enivrant.

(*Stromatinia temulenta* Prillieux et Delacroix.)

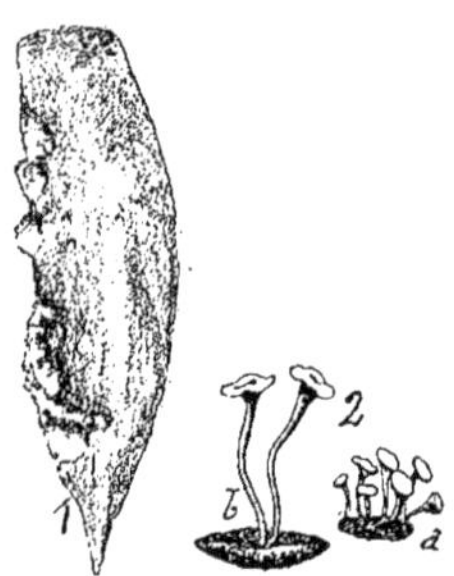

1. Grain de seigle attaqué produisant des conidies (forme *Endoconidium* Prillieux et Delacroix) [grossi environ 12 fois].
— 2. Grains de seigle produisant des pezizes : *a*, grandeur naturelle ; *b*, grossi 2 fois.

N'atteint que la semence.

Traitement. — Changer la provenance de la semence et porter la durée de l'assolement à quatre ans pendant une ou deux périodes.

Cette maladie semble rare ; elle n'a été observée que dans quelques localités, en Dordogne et dans la Creuse.

Maladie dite «poireautage» des céréales.

Due au parasitisme d'un ver du groupe des Anguillules, le *Tylenchus devastatrix*. Attaque le blé, le seigle, l'orge, l'avoine, l'oignon, l'ail et se reconnaît au renflement bulbeux de la base de la tige, où on voit nettement des anguillules au microscope.

Traitement. — Allonger notablement l'assolement et le faire durer quatre ou cinq ans. Si la maladie est à son début et ne forme que quelques taches dans un champ, on pourra l'éteindre sur place par l'emploi du sulfure de carbone, injecté dans le sol avec le pal, à la dose de 200 ou 300 grammes par mètre carré.

MALADIES DE LA POMME DE TERRE.

MALADIES BACTÉRIENNES.

Gale de la pomme de terre.

Gangrène de la tige de pomme de terre.

(*Bacillus caulivorus* Prillieux et Delacroix [*Bacillus putrefaciens liquefaciens* Flügge ?].)

Brunissure de la tige et du tubercule de pomme de terre.

(*Bacillus solanincola* G. Delacroix.)

Traitement. — Pour ces trois maladies, la bactérie existe dans le sol. Il serait indiqué de l'y détruire et le formol du commerce (solution d'aldéhyde formique à 40 p. 100), en solution à 1/120 dans l'eau, est l'antiseptique le plus rationnel. Mais le procédé est trop coûteux pour être employé en pratique.

On se bornera, surtout pour la gale et la brunissure :

1° A faire un assolement au moins triennal ;

2° A n'employer pour la semence que des tubercules entièrement sains, non coupés. Pour plus de sécurité, on désinfectera la surface externe des tubercules, qui peut contenir de la terre infectée, en immergeant ces tubercules pendant une heure et demie dans la solution de formol à 1/120. La solution de formol doit être faite *au moment de l'emploi*, sous peine d'être inactive, l'aldéhyde formique étant un gaz à la température ordinaire.

Pour la brunissure, on pratiquera la sélection des tubercules de semence, en marquant d'une façon ostensible, avant la récolte, les pieds de pomme de terre qui se sont maintenus indemnes de toute trace de maladie et on choisira sur ces pieds ceux ne montrant aucune tache et qui sont de dimension moyenne.

MALADIE DUE À UNE PÉRONOSPORÉE.

«Maladie de la pomme de terre» (mildiou).

(*Phytophthora infestans* [Montagne] de Bary.)

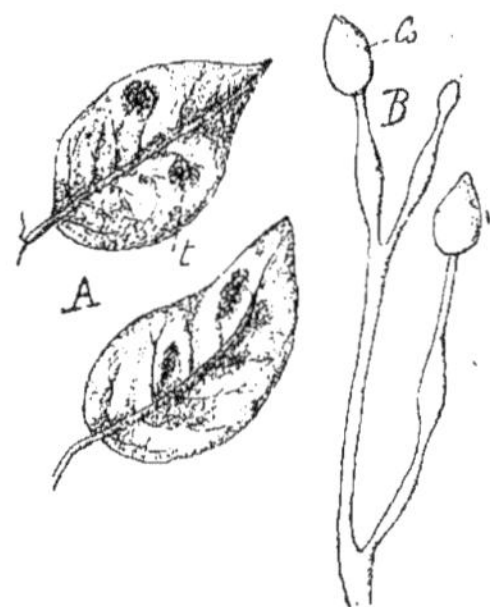

A. Feuilles de pomme de terre, montrant les taches noires *t*, entourées par une auréole blanche, produites par les conidies du parasite. — B. Extrémité du filament conidiophore.

Traitement. — Sélection soignée de tubercules qui conservent le mycélium parasite pendant l'hiver. On a proposé, pour détruire le mycélium dans les tubercules, de chauffer ceux-ci à 40 degrés pendant deux heures; les bourgeons restent vivants.

Pour combattre l'extension du parasite sur les feuilles pendant la période de végétation, employer les bouillies cupriques, bordelaise ou autres, de préférence la bouillie sucrée de la formule Michel Perret; faire plusieurs pulvérisations si le temps est pluvieux.

Pour éviter l'infection des tubercules pendant la végétation de la pomme de terre, faire un buttage de protection un peu avant la floraison de la pomme de terre; les conidies ne traversant pas une couche supérieure à o m. 10, les tubercules sont alors protégés. Un peu avant l'arrachage, couper les fanes, les amonceler en tas, les brûler. Au bout de deux ou trois jours, les conidies tombées sur le sol sont toutes mortes et l'infection ne peut se faire sur les tubercules. En tous cas, pendant l'arrachage des tubercules, éviter de recouvrir les tas de tubercules avec des fanes fraîches.

Taches brunes de la feuille de pomme de terre.

(*Alternaria Solani* Sorauer.)

Traitement. — Inconnu. On pourra enlever les feuilles atteintes dès l'apparition des premières taches.

Petits sclérotes noirs des tubercules.

(*Rhizoctonia Solani* Kühn [non *Rhizoctonia violacea* sur pomme de terre].)

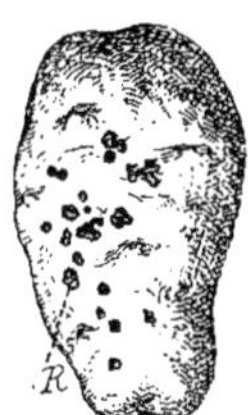

Tubercules de pomme de terre portant les sclérotes, *R.*

Traitement. — Sélection des tubercules à la plantation en évitant de planter ceux qui portent des sclérotes.

Rhizoctone violette.

(*Rhizoctonia violacea* [De Candolle] Tulasne.)

(Voir maladies des plantes fourragères, p. 20.)

Gros sclérotes noirs de la pomme de terre.

(*Sclerotinia Libertiana* [Mlle Libert] Fuckel.)

Maladie très rare en France sur la pomme de terre, répandue au contraire en Irlande. (Voir p. 29.)

MALADIES DE LA BETTERAVE.

Jaunisse de la betterave, maladie bactérienne.

Le maladie se reconnaît extérieurement à la présence de plages moins vertes, disposées irrégulièrement, que l'on observe encore mieux quand on regarde la feuille par transparence, en l'interposant entre l'œil et la lumière du jour.

Traitement. — Éviter, dans les régions où la betterave est cultivée aussi bien pour l'extraction du sucre ou la fabrication de l'alcool que comme racine fourragère, de cultiver les porte-graines. Les feuilles de ces derniers, quand ils sont infectés, présentent la maladie et la transmettent aux pieds la première année.

Les graines issues de porte-graines infectés ne produisent généralement plus de plantes malades à partir de la troisième année après leur récolte. On pourra donc, si malgré l'absence de betteraves porte-graines on voyait le mal réapparaître, ne semer que des graines âgées d'au moins trois ans.

MALADIE DUE À UNE PÉRONOSPORÉE.

Mildiou de la betterave.
(*Peronospora Schachtii* Fuckel.)

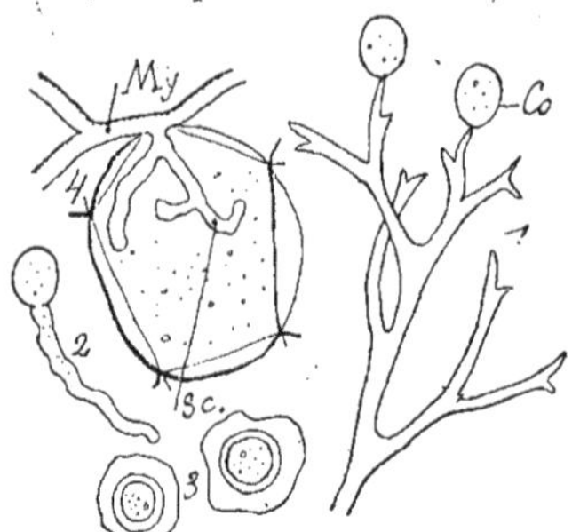

1. Portion d'un arbuscule conidifère (extrémités bifides) : *Co*, conidies. — 2. Conidie germant (par un filament). — 3. Deux œufs (spores d'hiver). — 4. Mycélium, *My*, poussant un suçoir ramifié, *Sc*, dans une cellule de la feuille.

Déforme et couvre d'une efflorescence blanche les feuilles du cœur.

Traitement. — Emploi des bouillies cupriques. Mêmes indications que dans la « maladie de la pomme de terre » (p. 14). Éviter de porter les feuilles au fumier qui, ramené dans une culture de betteraves, y reproduirait la maladie à cause de la présence des œufs d'hiver. Éviter aussi de donner les feuilles au bétail, car les œufs se retrouvent vivants dans les excréments.

MALADIE DUE À UNE URÉDINÉE.

Rouille de la betterave.

(Uromyces Betæ.)

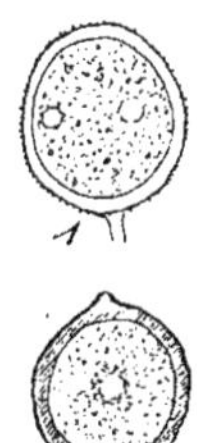

1. Une urédospore. — 2. Une téleutospore.

Traitement. — Éviter de porter les feuilles au fumier, à cause de la présence des téleutospores, qui reproduiraient la maladie dans les champs de betteraves. Les bouillies cupriques, quoique utiles, sont d'un emploi trop coûteux.

MALADIES DUES À DES ASCOMYCÈTES.

Maladie du cœur de la betterave.

(Sphærella tabifica Prillieux et Delacroix. — *Phyllosticta tabifica* Prillieux et Delacroix
[*Phoma Betæ* Frank].)

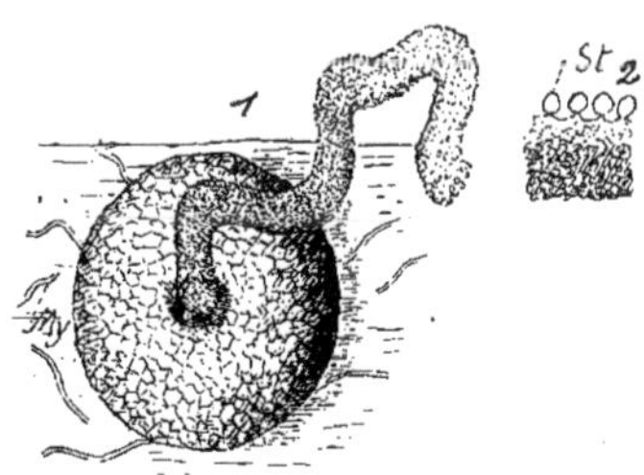

1. La pycnide (*Phyllosticta tabifica* Prillieux et Delacroix (*Phoma Betæ* Frank), vue en coupe tangentielle du pétiole et laissant sortir les stylospores agglutinées en un fil. — 2. Paroi de la pycnide, montrant l'insertion des stylospores, *St.* sessiles.

Traitement. — Cette maladie s'observe le plus souvent sur les pétioles des

3

feuilles, lesquels prennent une teinte blanche caractéristique et montrent des points noirs, parfois sur les feuilles, où se forment des macules jaunes. Il est très rare d'en observer sur racines; mais les semis sont souvent atteints sur l'axe hypocotylé, qui noircit. Enlever et détruire par le feu les feuilles envahies.

Taches de la feuille.

(*Cercospora beticola* Saccardo.)

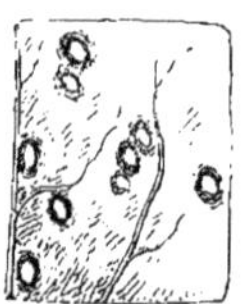

Taches fructifiées sur la base supérieure d'une feuille de betterave.

Traitement. — Sans grande importance. La maladie est généralement dénuée de gravité.

Rhizoctone violette.

(*Rhizoctonia violacea* [De Candolle] Tulasne.)

(Voir maladies des plantes fourragères, p. 20.)

MALADIES DES PLANTES FOURRAGÈRES.

MALADIES DUES À DES PÉRONOSPORÉES.

Mildiou des trèfles et des luzernes. — Mildiou des vesces.

Le premier est dû au *Peronospora Trifoliorum* de Bary, le second au *Peronospora Viciæ* (Berkeley) de Bary. Ils forment un enduit gris lilas clair sur les feuilles. Voisins du *Peronospora Schachtii* de la betterave. (Voir p. 16.)

Traitement. — Faucher prématurément.

MALADIES DUES À DES URÉDINÉES.

Rouilles des trèfles.
(*Uromyces Trifolii* Léveillé. — *Uromyces striatus* Schrœter.)

Traitement. — Aucun. Si la maladie envahit gravement un champ, faucher et brûler.

MALADIES DUES À DES ASCOMYCÈTES.

Maladies des sclérotes des trèfles.
(*Sclerotinia Trifoliorum* Eriksson [*Sclerotinia ciborioides* Rehm].)

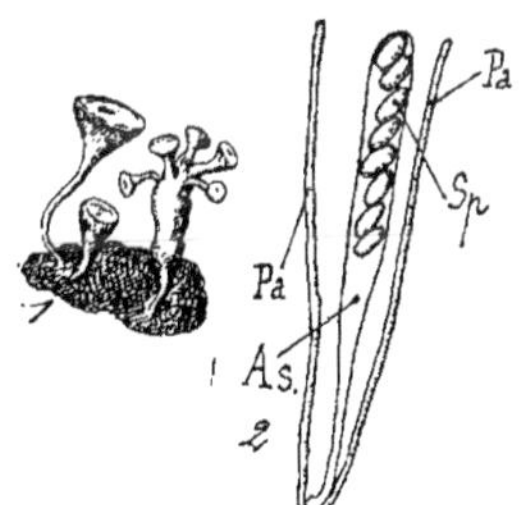

1. Sclérote portant des pezizes (grossi 4 fois). — 2. Asque, *As*; avec spores, *Sp*, et paraphyses, *Pa*.

Traitement. — Si la maladie est observée avant la production des sclérotes (à la base de la tige et sur les racines des trèfles), on pourra arrêter son extension en arrachant et brûlant les pieds atteints. Si la maladie sévit sur une grande étendue, éviter dans les environs la culture du trèfle pendant plusieurs années.

La même maladie peut se produire sur sainfoin et fénu-grec.

Taches noires des feuilles de luzerne et de trèfle.

(*Pseudopeziza Trifolii* [Bivona] Fuckel.)

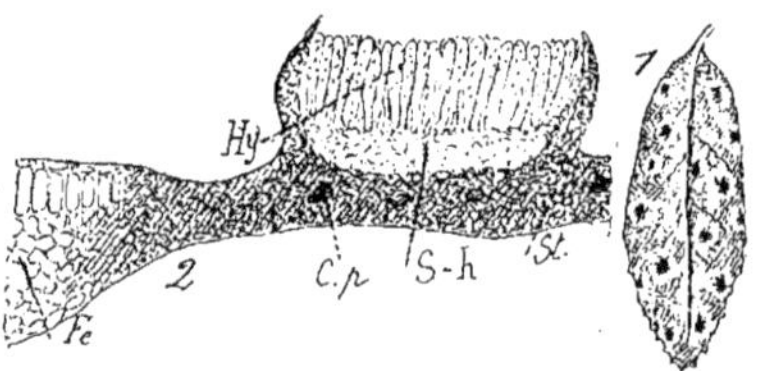

1. Une foliole de luzerne ordinaire présentant les fructifications. — 2. Coupe transversale de la feuille dans la région d'une fructification ascospore (face supérieure) : *Fe*, tissu normal de la feuille ; *St*, stroma mycélien remplaçant les tissus de la feuille ; *C, p*, cellules du parenchyme foliaire ayant persisté dans le stroma ; *Hy*, hyménium ascospore ; *Sh*, couche sous-hyméniale.

Traitement. — Si la maladie est abondante, dans un champ, faucher et]brûler. Le regain est sain, si la fauchaison est faite avant l'apparition des]fructifications.

Rhizoctone violette.

(*Rhizoctonia violacea* [De Candolle] Tulasne.)

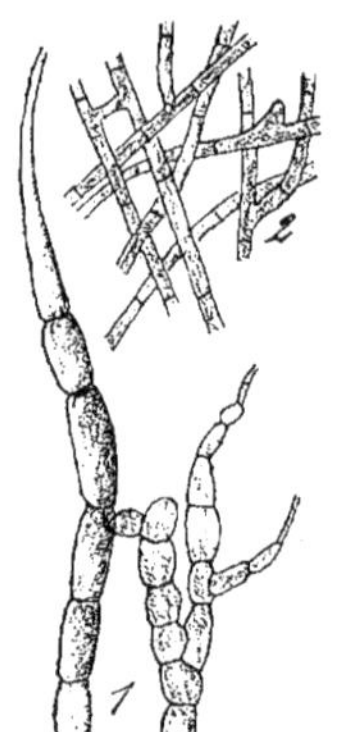

1 et 2. Filaments rosés du mycélium.

Traitement. — Ce champignon, dont les formes de fructification sont encore incertaines, attaque l'asperge, la betterave, la pomme de terre, le safran, la ca-

tte. le radis, la luzerne, etc. Il est surtout nocif sur le safran, l'asperge, la
zerne et forme sur les racines ou les tubercules un enduit filamenteux d'un
purpre rougeâtre foncé facilement reconnaissable. Le mycélium persiste indéfini-
ent dans le sol. Aussi, pour détruire la maladie, convient-il de laisser les
namps qui contiennent le mycélium cultivés seulement en céréales pendant de
ngues années, au moins dix ans. Il ne semble pas que ce champignon puisse
vre sur graminées. Il convient d'enlever avec soin les plantes adventices, dont
uelques-unes sont capables d'être atteintes.

Quenouille des graminées de prairies.

(*Epichloë typhina* [Persoon] Tulasne.)

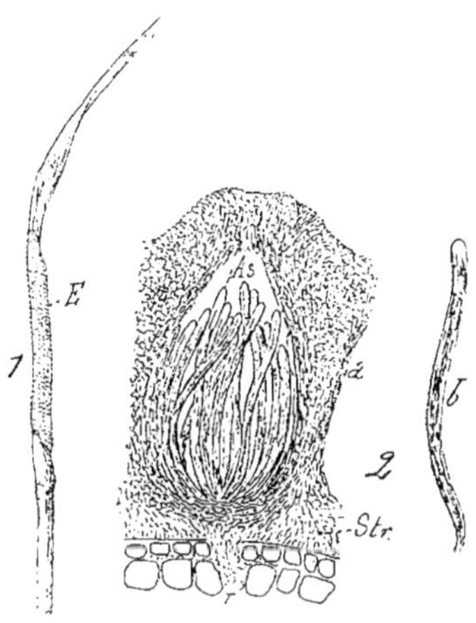

1. La forme ascospore, *E*, masse d'abord blanche, puis jaune d'or fructifiée sur la houlque laineuse. — 2 *a*. Un péri-
èce isolé dans le stroma, *Str*, qui pénètre dans la gaine en T. — 2 *b*. un asque octospore isolé.

Traitement. — Cette maladie est très préjudiciable aux graminées de prairie dont
lle empêche la floraison. On accuse le fourrage contaminé de produire chez le
heval des accès de toux. La seule chose à faire est de faucher prématurément la
rairie dès l'apparition du mal, bien avant que le stroma du champignon soit
evenu jaune d'or.

MALADIES PRODUITES PAR DES PHANÉROGAMES.

Rhinanthes, mélampyres, euphraises, pédiculaires.

Plantes de la famille des Scrophulariacées, à demi parasites sur les racines des plantes voisines, graminées surtout, où elles établissent des suçoirs qui détournent à leur profit une partie des substances élaborées par l'hôte.

Traitement. — Les rhinanthes, surtout le grand rhinanthe (*Rhinanthus major*), commettent des dégâts dans les prairies humides où ils diminuent notablement la production de l'herbe. On veillera à faucher avant la production des graines pour empêcher leur multiplication exagérée, à faire, s'il y a lieu, des fossés d'assainissement, pour diminuer l'humidité du sol et à incorporer à celui-ci une quantité convenable d'un phosphate de chaux, pour faciliter la poussée de l'herbe.

Cuscute du trèfle.

(*Cuscuta epithymum* Murray.)

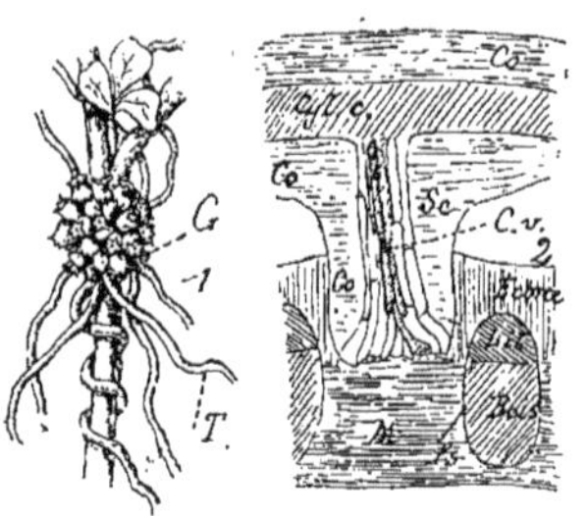

1. Tige de trèfle atteinte par la cuscute. — 2. Coupe transversale au niveau de pénétration d'un suçoir, *Sc* : *Co*, écorce de la cuscute; *Cyl. c*, son cylindre central; *C.v*, cellules vasculaires de celui-ci; *Fx*, un faisceau du trèfle; *M*, moelle et rayon médullaire du même. (Figure schématisée.)

Traitement. — La cuscute du trèfle attaque aussi la luzerne, à laquelle, à cause de ses racines longuement pivotantes, elle nuit beaucoup moins qu'au trèfle; on la voit encore sur de nombreuses plantes, d'où elle peut passer sur le trèfle; tels sont le serpolet, le genêt à balais, le genêt des teinturiers, l'ajonc nain, les bruyères, etc. Parfois même elle attaque le ray-grass, quand il pousse côte à côte avec le trèfle.

Le criblage des graines de trèfle les débarrasse facilement de la cuscute. La culture doit acheter ces graines garanties sur facture dépourvues de cuscute.

Pour détruire la cuscute, s'y attaquer quand elle apparaît et avant floraison si possible. On arrachera alors soigneusement tous les pieds atteints et même une certaine bande de pieds sains tout autour. En faire un tas au milieu de la place dénudée et le détruire, soit en le saturant d'une solution de sulfate de fer à 25 p. 100, soit en l'arrosant de pétrole et le brûlant. Laisser les places en friche pendant plusieurs années.

Orobanche du trèfle.

(*Orobanche minor* Sutton.)

Attaque les chardons (*Carduus*), la pimprenelle, la luzerne, où il ne fait que peu de dégâts, à cause de la longueur du pivot; il commet de grands dégâts sur le trèfle des prés.

Traitement. — Voir l'orobanche rameuse (p. 67).

MALADIES DES PLANTES POTAGÈRES.

Graisse des haricots, maladie bactérienne.

1. Gousse de haricot, montrant une tache au milieu.

Traitement. — La maladie se transmet dans une culture par l'intermédiaire des graines malades semées avec les saines. Les plants fournis par les graines malades sont envahis, pourrissent très jeunes, tombent sur le sol et infectent par contact la pointe des gousses. D'où la nécessité : 1° d'un assolement au moins triennal ; 2° d'une sélection rigoureuse des graines et même de l'emploi de graines étrangères à la région où sévit la maladie.

MALADIE DUE À UN MYXOMYCÈTE.

Hernie du chou.
(*Plasmodiophora Brassicæ* Woronine.)

Racines d'un pied de chou atteint par la *hernie*.

Traitement. — La maladie se transmet par le sol où pourrissent les racines de choux malades. Le traitement est exclusivement préventif. Il comporte : 1° l'abstention complète de la culture de tous choux, navets, colza, radis, dans un sol ayant porté des choux herniés, pendant au moins deux ans ; 2° l'examen soigné des jeunes pieds de choux, au moment du repiquage, en évinçant et brûlant tous ceux qui présentent quelque renflement sur les racines ; 3° pour plus de sûreté,

nploi d'une poignée de chaux récemment éteinte placée dans le trou de re-
quage du chou.

Ne pas confondre la bernie avec la galle produite au collet des choux et des
vets par un coléoptère, le *Ceutorhynchus sulcicollis* (voir p. 34).

MALADIE DUE À UNE CHYTRIDINÉE.

Pourriture des semis de choux.
(*Olpidium Brassicæ* [Woronine] Dangeard.)

Traitement. — Supprimer et brûler le semis et le refaire sur un autre sol.

MALADIES DUES À DES PÉRONOSPORÉES.

Mildiou de l'épinard.
(*Peronospora effusa* [Greville] Rabenhorst.)

Extrémité d'un filament conidiophore : *Co*, conidie.

Mildiou de l'oignon.
(*Peronospora Schleideni* Unger.)

Mildiou ou meunier de la laitue, de la romaine et de l'artichaut.
(*Peronospora gangliformis* [Berkeley] de Bary [*Bremia Lactucæ* Regel].)

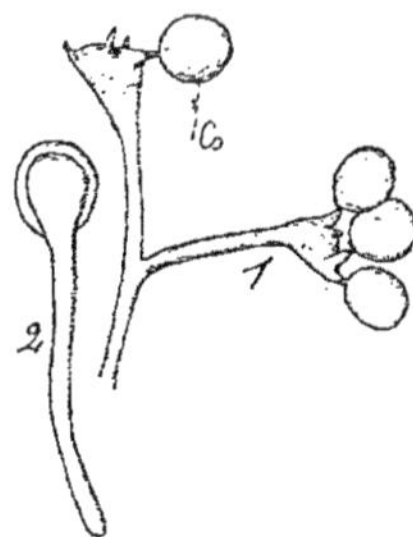

1. Extrémité d'un filament conidiophore. — 2. Germination de la conidie par un tube.

Mildiou du pois et de la fève.

(*Peronospora Viciæ.*)

Traitement. — Pour le pois ou la fève, on peut employer les pulvérisations de bouillie bordelaise, qui agissent bien; de même pour le mildiou de l'oignon. Mais pour le mildiou de l'épinard, dont les feuilles sont consommées directement après cuisson, ou celui des salades, romaine, laitue, etc., on n'a pas cette ressource. Quand les plantes sont abritées sous châssis en hiver, cas de la laitue, par exemple, on diminuera l'intensité du mal en aérant dans la limite du possible.

Rouille blanche des crucifères.

(*Cystopus candidus* [Persoon] Léveillé.)

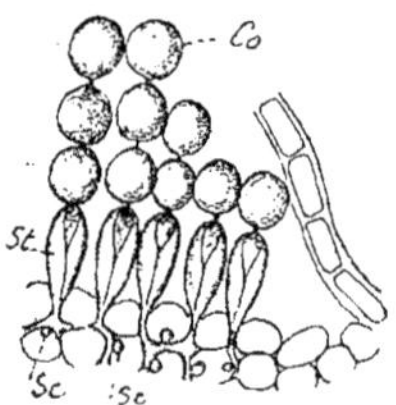

Coupe transversale dans une feuille de chou portant les fructifications conidiennes : *St*, stérigmate, *Co*, conidie.

Traitement. — Cette maladie attaque les choux, les navets et beaucoup d'autres plantes, mais seulement très peu de temps après le semis. Elle n'est pas généralement épidémique et ne demande guère à être traitée.

Rouille blanche des salsifis.

(*Cystopus cubicus* [Persoon] de Bary.)

Traitement. — Cette maladie, plus grave que la précédente, attaque les salsifis et scorsonères à toutes les périodes de leur végétation. Les bouillies cupriques n'ont sur elle qu'une action assez faible.

ROUILLES (MALADIES DUES À DES URÉDINÉES).

PUCCINIA. —— UROMYCES.

Rouille de l'asperge.

(*Puccinia Asparagi* De Candolle.)

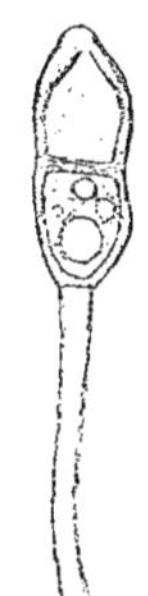

Une téleutospore.

Rouille de la scarole et de la romaine.

(*Puccinia Hieracii* Winter [*P. Compositarum* Schlechtendal].)

Rouille du céleri, du persil.

(*Puccinia bullata* [Persoon] Schrœter [*P. Ombelliferarum* De Candolle].)

Rouilles du poireau et de l'ail.

(*Puccinia Allii* De Candolle.)

N'attaque pas le poireau.

(*Puccinia Porri* [Sowerby] Winter.)

Attaque l'ail et le poireau.

4.

Rouilles des légumineuses (haricot, fève, pois).

(Uromyces Phaseoli Winter.)

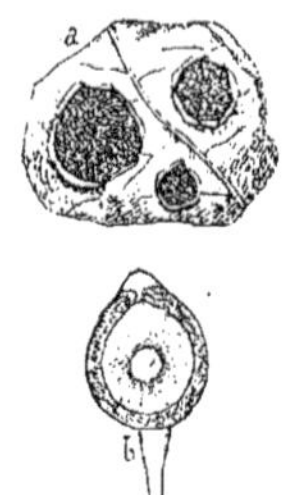

a. Portion de feuille de haricot présentant les téleutospores ; *b.* une téleutospore.

Uromyces Fabæ, sur fève.

Uromyces Pisi, sur pois.

Traitement. — Sur les plantes dont on ne consomme pas les feuilles, on peut avec avantage employer les pulvérisations préventives à la bouillie bordelaise.

MALADIE DUE À UNE USTILAGINÉE.

Charbon de l'oignon.

(Urocystis Cepulæ Frost.)

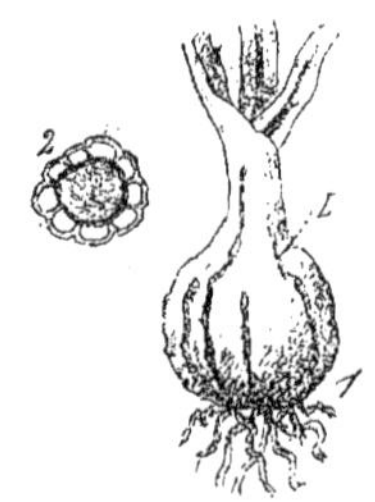

1. Pied d'oignon charbonné présentant les lignes noires, *L*, chargées de spores. — 2. La spore.

Traitement des charbons (p. 6). Le repiquage des pieds d'oignons semble empêcher, dans une certaine mesure, l'extension de la maladie.

MALADIES DUES À DES ASCOMYCÈTES.

Maladie des sclérotes du haricot, du topinambour, de la carotte.

(*Sclerotinia Libertiana* [Mlle Libert] Fuckel [*Peziza Scleroticrum* Mlle Libert].)

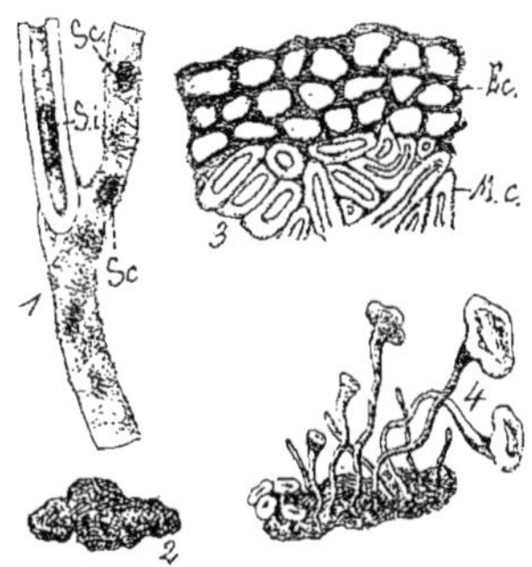

1. Portion de tige de haricot portant le mycélium et des sclérotes externes *Sc.* et internes *S. i.* — 2. Sclérote isolé (grandeur naturelle). — 3. Coupe d'un sclérote : *Ec.*, écorce à cellules noires ; *M. c*, mycélium central, montrant les filaments hyalins à paroi épaisse coupés dans toutes les directions. — 4. Un sclérote avec de nombreuses pezizes (grandeur naturelle).

Traitement. — Arracher et brûler les pieds de plantes atteints avec leur sclérote. Éviter de replanter sur le même sol, et pendant plusieurs années, des plantes capables d'être atteintes. L'emploi de superphosphates faciliterait le développement de la maladie.

Mole du champignon de couche.

(*Mycogone perniciosa* Magnus.)

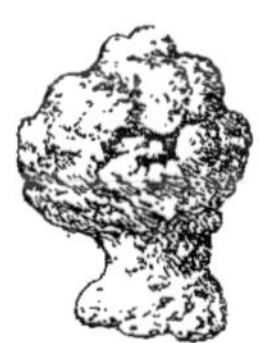

Un champignon de couche (*Psalliota* [*Agaricus*] *campestris*) attaqué et déformé par la maladie de la mole.

Traitement. — Enlever de la carrière les champignons envahis. Si la maladie est très répandue, évacuer entièrement la carrière, la nettoyer à fond et la désinfecter, après en avoir bouché les issues, avec l'acide sulfureux produit par la combustion du soufre à la dose de 3o grammes par mètre cube de contenance de la carrière. Abandonner celle-ci pendant un an, au moins, sans y faire la culture des champignons.

Anthracnose des pois.

(*Ascochyta Pisi* Mlle Libert.)

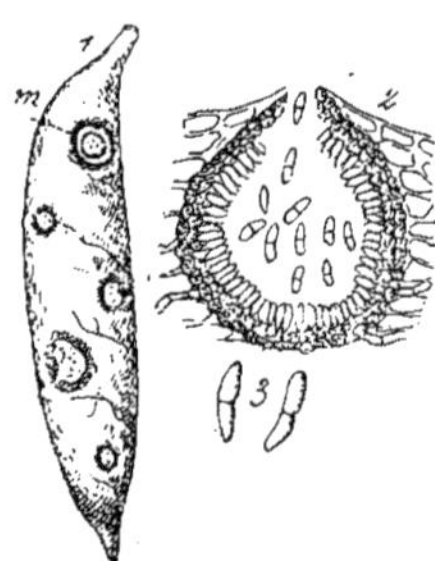

1. Gousse de pois portant les taches fructifiées du parasite. — 2. Coupe transversale de la pycnide.

Traitement. — Emploi des pulvérisations de bouillie bordelaise.

Anthracnose des haricots.

(*Colletotrichum Lindemuthianum* [Saccardo et Magnus] Briosi et Cavara [*Glæosporium Lindemuthianum* Saccardo et Magnus].)

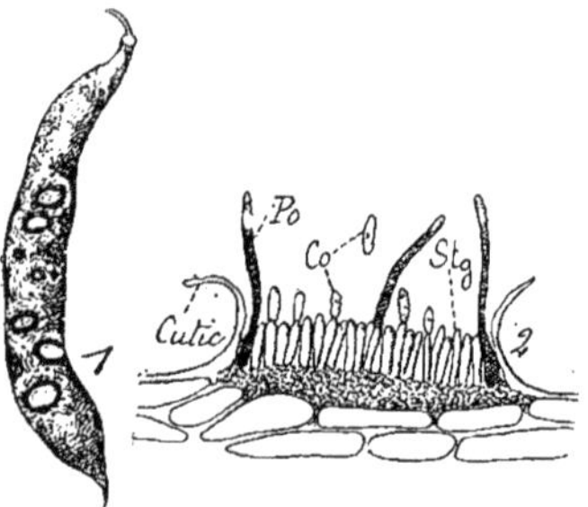

1. Gousse de haricot couverte des taches de l'anthracnose. — 2. Coupe transversale d'une fructification : *Cutic.*, la cuticule déchirée ; *Po*, poils noirs cloisonnés entourant la fructification ; *Stg*, stérigmate ; *Co*, conidie.

Traitement. — Emploi de la bouillie bordelaise, mais *seulement* pour les haricots à consommer en graines.

Taches jaunes des feuilles de céleri et de persil.

(*Cercospora Apii* Fries.)

Traitement. — Nul. L'emploi de la bouillie bordelaise, à cause de l'usage culinaire des feuilles, ne peut être conseillé.

Nuile des melons et des concombres.

(*Scolecotrichum melophthorum* Prillieux et Delacroix.)

Concombre envahi et portant des taches fructifiées.

Traitement. — Supprimer et brûler les parties malades.

Blanc ou oïdium des pois.

(*Erysiphe communis* [Wallroth] Fries.)

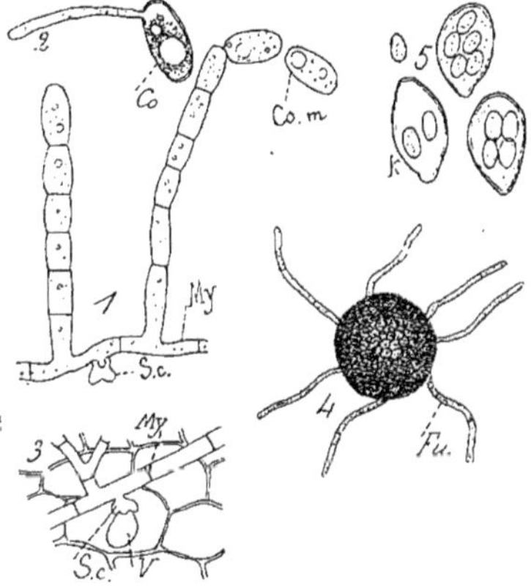

1. Forme conidienne (*Oïdium erysiphoïdes* Fries). Mycélium portant un suçoir, *Sc*, et deux chaînes de conidies : *Co.m*, conidie mûre se détachant. — 2. Conidie en germination. — 3. Mycélium portant un suçoir, *Sc*, muni d'une vésicule terminale, *V*, pénétrant dans l'épiderme d'une feuille. (D'après M. Prillieux.) — 4. Périthèce avec ses fulcres, *Fu*, colorés en brun. — 5. Trois asques (4 à 6 spores), dont l'un, *K*, expulse ses spores.

S'attaque à de nombreuses plantes : trèfles, chrysanthèmes, verveines, etc., mais est surtout fréquent sur le pois.

Traitement. — Insufflations à la fleur de soufre.

Noircissement du collet du pois, du lupin, du tabac.

(Thielavia basicola Zopf.)

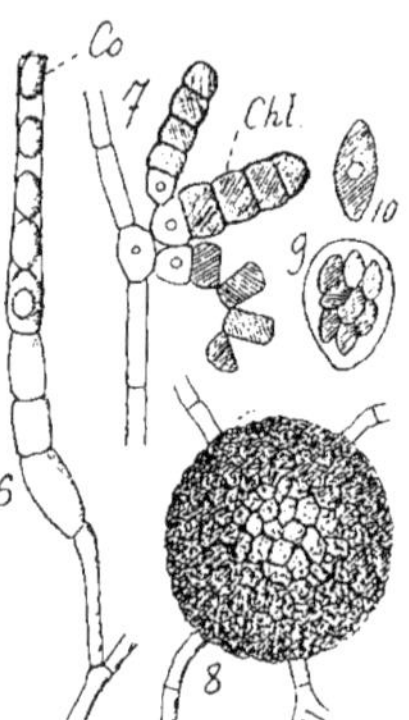

6. Forme conidienne *Endoconidium* (conidies produites en chapelet dans un tube ouvert et expulsées successivement). —
7. Rameau portant des files de chlamydospores brunes unicellulaires qui s'égrènent successivement. — 8. Un périthèce. —
9. Asque octospore. — 10. Une ascospore isolée.

Traitement. — Arracher et brûler les plantes atteintes. Alterner la culture.

Rhizoctone violette sur l'asperge.

Voir p. 20.

Orobanche rameuse sur la tomate.

Voir p. 67.

DÉFORMATIONS ET MALADIES DUES À DES ANIMAUX.

Maladie vermiculaire des racines.

(Heterodera radicicola.)

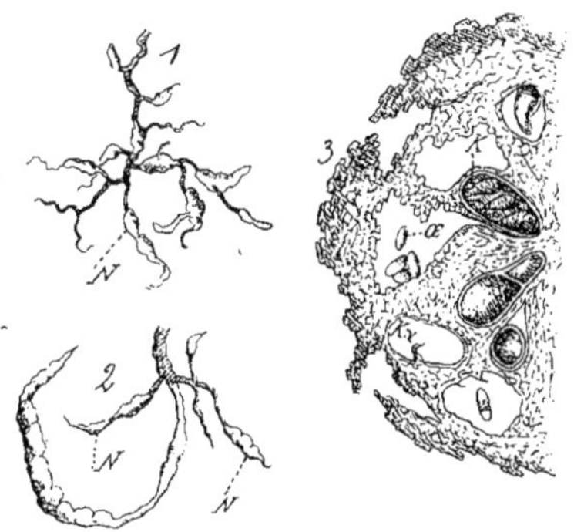

1 et 2. Racines présentant les renflements, *N*, de taille et forme différentes, produits par l'*Heterodera radicicola* Greff.
3. Portion de la coupe d'une nodosité : *K*, kystes renfermant des œufs, libres en *OE* ; en *K.v*, kystes vides.

Cette anguillule produit sur une foule de plantes, dans les régions chaudes aussi bien que tempérées, des nodosités sur les racines, nodosités qui pourrissent à un moment donné, ainsi que les racines. En France, on observe la maladie sur le melon, la tomate, l'œillet, quelquefois le poirier et un certain nombre de plantes.

Traitement. — Éviter pendant des années de faire revenir sur un sol infecté des plantes susceptibles d'être atteintes. On peut désinfecter définitivement ou à peu près le sol par un traitement d'extinction au sulfure de carbone, appliqué sur sol *nu*, en employant le pal injecteur et à la dose de 2,500 à 3,000 kilogrammes l'hectare.

Sur les plantes atteintes où on aurait intérêt à faire durer encore un certain temps la végétation, employer des doses assez fortes de nitrate de soude (500 kilogrammes à l'hectare) pour activer la végétation, et des doses faibles de sulfure de carbone (40 à 50 kilogrammes à l'hectare au plus).

Galles du collet du choux et du navet.

(*Ccutorhynchus sulcicollis*, coléoptère.)

Galle sur navet. A droite. une galle ouverte, *T*, montrant les cavités gallaires. *c.*

Traitement. — Maladie sans importance. Au besoin arracher et brûler les pieds atteints si la maladie se répand.

MALADIES DE LA VIGNE.

Gommose bacillaire de la vigne.

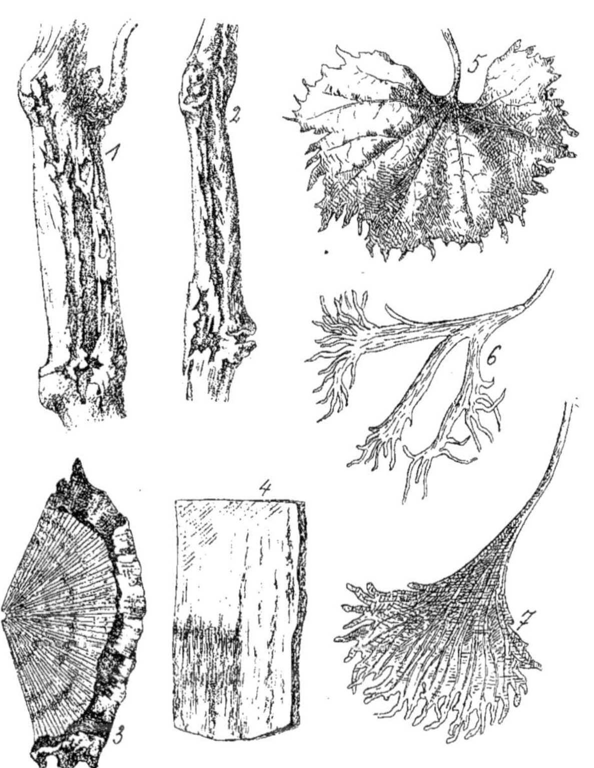

1. Chancre bactérien sur rameau herbacé de vigne (forme maladie d'Oléron). — 2. *Idem* (forme gélivure). — 3. Portion d'une coupe transversale de tige âgée de vigne, montrant les ponctuations brunes, caractéristiques de la maladie. — 4. Portion d'une coupe longitudinale de la même tige montrant les lignes longitudinales brunes correspondant aux ponctuations de la coupe transversale. — 5, 6, 7. Déformations diverses des feuilles de vigne constituant le roncet ou aubernage.

Le roncet coïncide souvent avec la gommose bacillaire; mais il n'est qu'un symptôme, une lésion de la nutrition générale de la plante, dont la cause intime est à peu près inconnue.

5.

La gomme et les thylles qui se produisent ont un rôle de protection et sont l'indice de la réaction de la plante contre la bactérie parasite. La protection est souvent illusoire, car les bactéries peuvent franchir cette barrière, et, d'un autre côté, la présence de gomme et de thylles augmente encore l'état de malaise de la plante, s'il n'en est la principale cause, en gênant ou empêchant l'ascension des liquides du sol.

Traitement. — Il comporte les indications suivantes :

1° Supprimer, dans la limite du possible, toutes les parties du cep présentant les symptômes du mal; badigeonner la plaie avec une solution de sulfate de fer à 5o p. 100; 2° Donner, si possible, une taille longue; 3° Additionner le sol d'une bonne quantité de superphosphate de chaux (5oo kilogrammes à l'hectare); 4° A la période de la taille, réserver les ceps malades pour les tailler en dernier lieu, après les pieds sains; de cette manière, on évitera d'infester ces derniers; 5° Arracher et brûler les pieds très malades et ne donnant aucun produit.

La guérison spontanée s'opère par une sorte d'enkystement dans la tige des portions du système ligneux qui portent les thylles, la gomme et les bactéries.

Mildiou de la vigne.
(*Peronospora viticola* Berkeley et Curtis.)

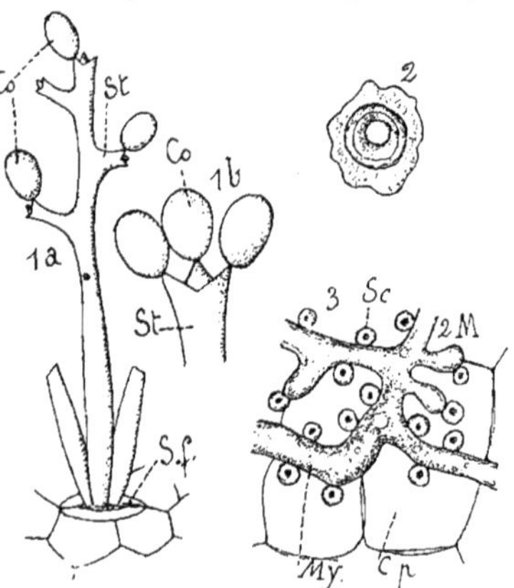

1 *a*. Conidiophore sortant par l'ostiole d'un stomate, *S. f*: *St*. stéidgmate trifide au sommet portant les conidies (sporanges), *Co*. — *b*, l'extrémité du stérigmate. plus fortement grossie. — 2. Un œuf isolé. — 3. Le mycélium 2*M*, dans la pulpe du raisin, *c, p*, une cellule de la pulpe; *My*, filament du mycélium; *Sc*, suçoirs.

Traitement. — Pour être actif, il doit être essentiellement préventif, car il ne peut avoir d'action sur le mycélium qui existe dans les tissus, qui, toutes les fois que les conditions extérieures seront favorables, produira d'innombrables conidies qui pourront infecter les organes sains. Le but du viticulteur doit être de faire les traitements aux bouillies cupriques, les seules employées actuellement, dans des conditions telles qu'il existe toujours sur les feuilles une réserve de composé cuprique. Cette réserve se solubilise peu à peu au contact de l'eau de pluie ou de rosée chargée d'acide carbonique, quand le résidu insoluble de la bouillie est l'hydrate de bioxyde de cuivre, coloré en bleu de ciel et donne naissance à du bicarbonate de cuivre soluble.

La pulvérisation, pour être efficace, doit atteindre les raisins, qui sont souvent attaqués.

L'expérience a montré que les bouillies les plus adhérentes sont celles qui protègent le mieux la vigne. Par ordre d'adhérence on peut citer : les bouillies cupriques au savon, la bouillie Perraud à la colophane, la bouillie sucrée de Michel Perret, la bouillie bordelaise neutre au papier de tournesol. Les bouillies bourguignonnes (au carbonate de soude), la solution de verdet gris (acétate bibasique de cuivre) sont sensiblement moins adhérentes.

Les bouillies savonneuses ont l'inconvénient, une fois la réserve de cuivre soluble enlevée par la pluie, de solubiliser très difficilement les sels gras de cuivre qui constituent le dépôt et sont seulement solubles dans l'eau ammoniacale.

En thèse générale, on choisira soit la bouillie bordelaise neutre au papier de tournesol, soit la bouillie sucrée (formule Michel Perret).

Pour les vignes buissonnantes, on aura souvent avantage à faire suivre la pulvérisation d'une insufflation aux poudres cupriques (stéatite cuprique).

L'époque des traitements est fort importante à considérer. Le premier traitement destiné à empêcher l'infection résultant de la germination des œufs d'hiver doit être particulièrement soigné. On le fait généralement peu après la floraison ; dans certaines circonstances, quand le printemps est doux et humide, il peut être utile de faire un traitement avant floraison pour protéger les fleurs. On le répètera autant de fois qu'il sera nécessaire, toutes les fois en tout cas qu'on apercevra de nouvelles taches, ou que la pluie aura fait disparaître presque entièrement le dépôt de la précédente pulvérisation. Généralement quatre traitements par an sont suffisants.

Pourridié.

(*Agaricus melleus* Flora Danica [*Armillaria mellea* Quélet].)

L'*Agaricus melleus* n'est pas rare sur la vigne ; on le voit souvent sur le figuier et surtout le mûrier, où il constitue la forme la plus commune de la *maladie des racines*. Moins fréquent sur les arbres fruitiers, pommier, poirier, pêcher, etc., il est, au contraire, assez commun sur les arbres forestiers, conifères et feuillus.

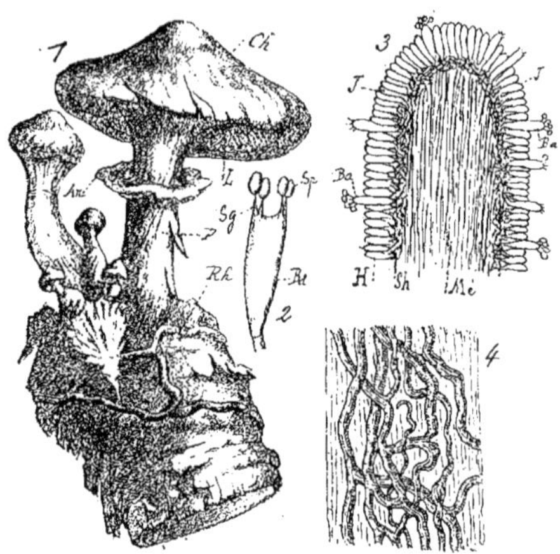

1. Fragment de racine de mûrier blanc portant les rhizomorphes, *Rh*, et les réceptacles fructifères, *Ch*, de l'*Agaricus melleus* : *P*, pied; *An*, anneau (réduit aux 2/3 de grandeur naturelle). — 2. La baside, *Ba*, ses quatres stérigmates, *Sg*, terminés par les spores, *Sp*. — 3. Coupe transversale d'une lame : *Me*, couche médullaire; *S. h*, couche sous-hyméniale; *H*, hyménium. — 4. Le rhizomorphe souterrain, en cordons, à la surface d'une racine (grand. nat.).

Traitement. — Simplement préventif. Il se borne à supprimer les chapeaux de l'agaric à l'automne, à arracher et brûler toutes les parties souterraines, portant les rhizomorphes noirs du champignon. Comme le rhizomorphe chemine dans le sol et peut, par suite, attaquer par la racine les arbres plantés en massif, il est nécessaire de creuser autour de la partie atteinte, en empiétant sur les parties saines, un fossé qui arrête l'extension de ce mycélium dans le sol,

Brûlures des feuilles de la vigne.

(*Exobasidium Vitis* [Viala] Prillieux et Delacroix.)

Cette maladie attaque la feuille et les raisins. Elle y produit des taches fauves, qui se différencient du *coup de soleil*, ou brûlure simple due à l'action solaire, par la présence de petites ponctuations blanches, qui sont les fructifications.

Traitement. — On a essayé, sans grand succès, les insufflations d'un mélange à parties égales de soufre et chaux vive. Les sels de cuivre sont inactifs.

Black-rot de la vigne.

(Guignardia Bidwellii [Ellis] Viala et Ravaz — *Phoma uvicola.)*

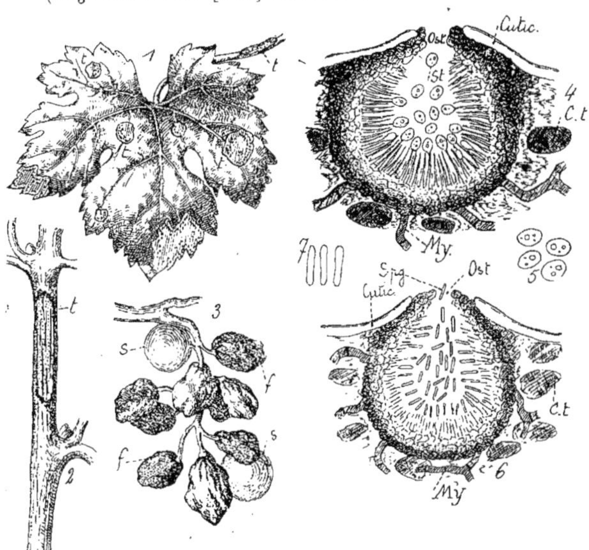

1. Feuille de vigne présentant des macules fauves, *t*, avec de nombreux conceptacles de pycnides. Le pétiole présente aussi une tache. — 2. Macule, *t*, sur sarment. — 3. Portion d'une grappe envahie de même : *s*, grains sains; les autres ont couverts de fructifications, *f*, ou renferment le mycélium dans la pulpe. — 4. Coupe transversale d'une pycnide : *Ost*, son ostiole; *My*, mycélium (noir près des conceptacles); *Cutic.*, cuticule; *C. t.*, cellule tuée de la pulpe; *St.*, stylospore. — 5. Stylospores isolées (grossissement environ 500). — 6. Spermogonie; *Spg*, spermatie. — 7. Spermaties isolées (grossissement environ 500).

Traitement. — Le black-rot se perpétue d'une année à l'autre, grâce à la présence des sclérotes et des pycnides qui persistent sur les grains malades et évoluent pendant la période hivernale pour donner des ascospores mûres, vers la fin du printemps. Ces ascospores sont l'origine de la première infection qui le plus souvent apparaît sur les feuilles et est le point de départ des invasions suivantes qui attaquent les grains et les rendent inutilisables.

On doit donc les récolter le plus soigneusement possible et les brûler, non les enterrer, comme il a été proposé, car il a été prouvé qu'ils avaient conservé toute leur virulence lorsque la charrue les met à jour.

Les solutions de sels de cuivre constituent le seul moyen pratique et avantageux d'empêcher la germination des stylospores, qui sont les organes actifs d'extension de la maladie pendant la période de végétation de la vigne. D'où l'emploi exclusif des bouillies cupriques pour combattre la maladie.

La sortie et la germination des stylospores se produisent avec les temps brumeux et surtout avec la **persistance** du temps pluvieux et chaque nouvelle période pluvieuse amène une nouvelle invasion, c'est-à-dire l'apparition de nouvelles taches fauves avec points noirs sur de *nouvelles feuilles*, généralement *plus jeunes.* Il faudrait donc traiter avant chaque nouvelle période de pluie. Malheureusement la prévision du temps est encore loin d'être soumise à des règles mathématiques.

Les feuilles parvenues à leur croissance définitive sont moins sensibles, et, pendant l'intervalle de deux invasions successives, les jeunes feuilles croissent et sont moins protégées par suite de l'écartement des parcelles cupriques. Il faut donc s'appliquer à traiter les jeunes feuilles à mesure qu'elles se développent, en même temps que les raisins, dont le pouvoir de réceptivité ne semble guère varier pendant toute la période végétative.

En résumé, il est à peu près impossible de fixer des périodes précises de traitement. Leur fréquence sera liée à la perfection avec laquelle le premier traitement, le plus important, a été effectué. Elles doivent être répétées aussi souvent que l'état atmosphérique les rendra nécessaires. Dans le traitement du black-rot on comprend que l'adhérence des bouillies cupriques ait une importance capitale et on devra se rapporter à ce sujet à ce qui a été dit au sujet du mildiou (p. 36).

Rot blanc.

(*Coniothyrium Diplodiella* [Spegazzini] Saccardo.)

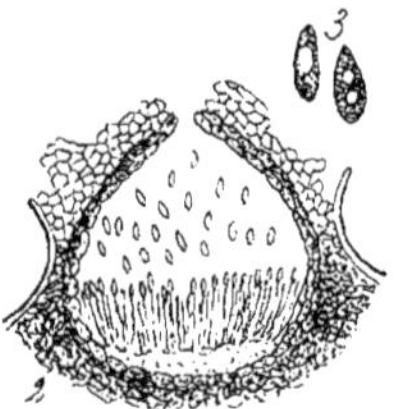

1. Grain de raisin avec son pédoncule et une partie de la rafle attaqués et montrant les pycnides blanchâtres. — 2. Coupe d'une pycnide adulte (la partie profonde de la pycnide est seule couverte de stérigmates). — 3. Deux stylospores (brunes à maturité).

Traitement. — Le parasite du rot blanc paraît être exclusivement un parasite de blessure, et ses invasions succèdent généralement à des chutes de grêle. D'ailleurs les sels cupriques sont à peu près sans action. Aussi la récolte et la destruction des organes atteints semblent-elles le procédé le plus pratique de protection contre une invasion ultérieure.

Pourridié de la vigne, des arbres fruitiers et du mûrier.

(*Rosellinia necatrix* [R. Hartig — P. Viala] Berlese — Prillieux

[*Dematophora necatrix* R. Hartig].)

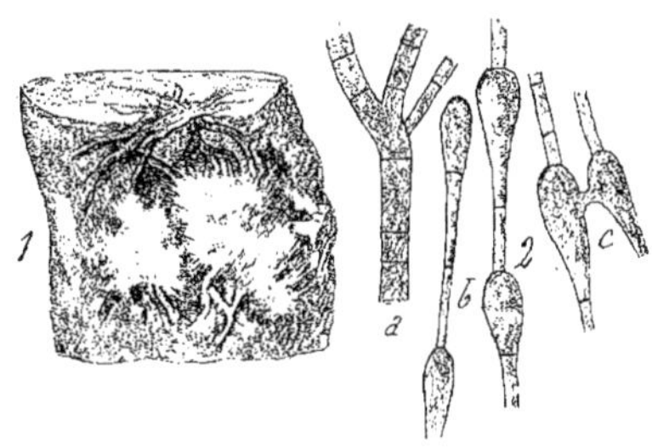

1. Fragment de racine de mûrier présentant le mycélium blanc floconneux et des cordons rhizomorphes aplatis, d'un gris plombé. — 2. Filaments mycéliens isolés : *a*, mycélium âgé ; *b*, mycélium plus jeune, mais déjà coloré, avec ses dilatations caractéristiques aux cloisons ; *c*, anastomose de filaments.

Traitement. — Ce champignon attaque fréquemment la vigne, le mûrier, où il produit, comme l'*Agaricus melleus*, la « maladie des racines », les arbres fruitiers, surtout pêcher, prunier, cerisier, abricotier, plus rarement quelques arbres forestiers, et les fait périr. Dans la nature, c'est exclusivement le mycélium qui permet la perpétuation et l'extension de la maladie ; il végète sur les débris de racines appartenant aux arbres arrachés et de là se transmet aux arbres qu'on replante à la même place ou bien il s'étend à travers le sol et de proche en proche aux arbres voisins. Il importe donc, quand on arrache un arbre mort de pourridié, de récolter très soigneusement les racines portant à un degré quelconque le champignon, de les brûler dans le trou d'arrachage en écobuant même le sol qui leur a donné asile. Si la maladie, dans un vignoble, un verger, ou un clos de mûriers, s'est étendue à un certain nombre de pieds, on arrachera tous les arbres atteints et, même sur les bords de la tache, un certain nombre encore sains et on enclora d'un fossé profond au moins de o m. 60 à o m. 80, *dont on rejettera la terre en dedans.*

L'emploi du sulfure de carbone, injecté au sol avec le pal, comme on fait contre le phylloxéra, a donné dans ces dernières années quelques bons résultats. Le traitement d'extinction est fait sur le sol, après arrachage, à la dose d'au moins 200 grammes par mètre carré. Pour le traitement d'entretien, la plante étant vivante, on injecte le sulfure de carbone à la dose de 3o à 4o grammes au plus par mètre carré. Il n'y a guère à compter sur son efficacité.

On veillera, dans tous les cas, à ne pas replanter les places contaminées avant plusieurs années, cinq ou six ans au moins. La place sera tenue sous culture et on arrachera les mauvaises herbes, dont quelques-unes pourraient donner abri au parasite, sans sembler en souffrir d'ailleurs.

Pourridié.

(*Ræsleria hypogea* [Persoon] von Thümen et Passerini [*Calicium pallidum* Persoon. — *Pilacre subterranea* et *Pilacre Friesii* Weinmann. — *Vibrissea hypogea* Richon et Le Monnier. — *Ræsleria pallida* Saccardo].)

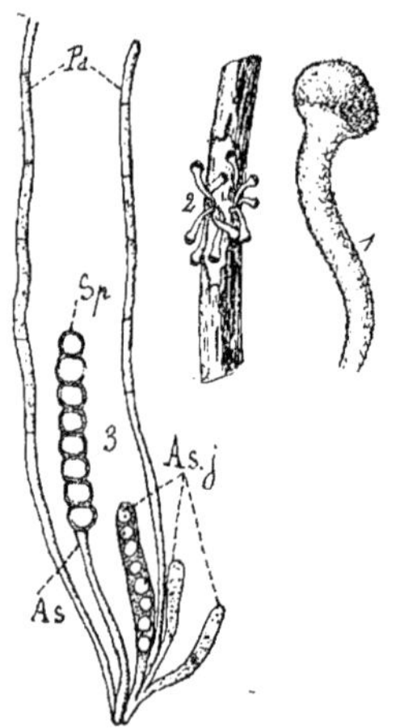

1. Racine de vigne atteinte de pourridié, morte et portant des fructifications (grossi 2 fois). — 2. Un réceptacle isolé, grossi environ 10 fois. — 3. Portion d'hyménium : *As*, asque adulte; *Sp*, ascospores; *As. j*, asques jeunes : *Sp*, spores, *Pa*, paraphyses.

Traitement. — Cette espèce se rencontre assez souvent sur la vigne, et il n'est pas rare de la voir coïncider avec le phylloxéra, ce qui a fait douter de son parasitisme, maintenant bien établi. On rencontre quelquefois ce champignon sur les racines des arbres fruitiers ou autres.

Le traitement est le même que celui du pourridié du *Rosellinia necatrix* (p. 41).

Pourriture grise des raisins. — Sclérotes des greffes.

(*Sclerotinia Fuckeliana* [de Bary] Fuckel [*Peziza Fuckeliana* de Bary]
— *Botrytis cinerea* Persoon.)

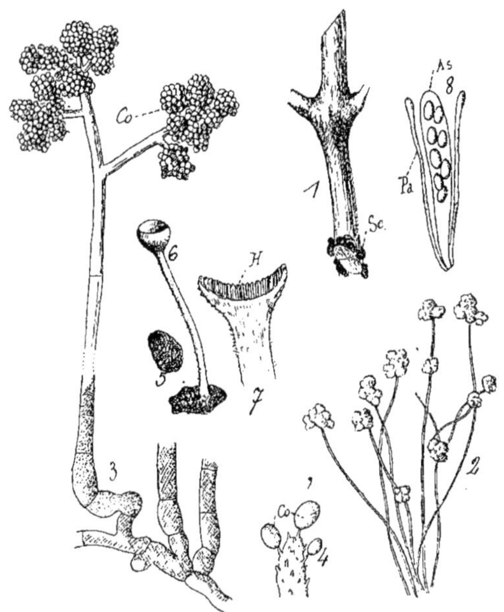

1. Bouture de vigne portant des sclérotes, *Sc.* — 2. Un groupe de filaments conidiens fructifères. (Grossissement faible.) — 3. Filament conidien fructifère portant des grappes de conidies, *Co.* — 4. Extrémité d'un rameau conidifère montrant les conidies portées sur de fins stérigmates — 5. Un sclérote. — 6. Un sclérote portant une pezize. — 7. Une pezize grossie environ 16 fois. — 8. Asque et paraphyses.

Traitement. — Ce champignon attaque sous sa forme conidienne, ou même à titre de simple mycélium stérile, une foule de plantes, les germinations de plantes florales, en particulier *Begonia*, etc., et y produit la maladie si redoutée des horticulteurs, la *toile*.

Sur la vigne, il montre ses petits sclérotes noirs parfois à la base des boutures; mais surtout il attaque les raisins et les couvre, avant maturité, de sa moisissure fructifiée grise. Il empêche alors la maturation et amène la casse des vins.

Dans quelques cas, où il n'apparaît qu'à la maturité, il peut devenir avantageux et donner certaines qualités aux vins (sauternes, vins du Rhin). On l'a, dans ce

6.

cas, qualifié de «pourriture noble» (*Edelfœule* des Allemands). La pourriture grise était, pour ainsi dire, inconnue autrefois; elle est très fréquente depuis que le phylloxéra a rendu nécessaire le greffage de la vigne d'Europe sur vignes américaines, et il est vraisemblable que la modification apportée dans la nutrition générale de la plante par cette opération a une influence sur la production du mal et sa nocivité, en dehors de l'action de l'humidité qui reste prépondérante. Les sels cupriques sont sans action et d'autres ingrédients, soufre ou chaux, poudres inertes, telles que cendres, sulfate d'alumine, ne réussissent guère mieux.

Oïdium de la vigne.

(*Uncinula americana* How. [*Uncinula spiralis* Berkeley et Curtis.] — *Oïdium Tuckeri.*)

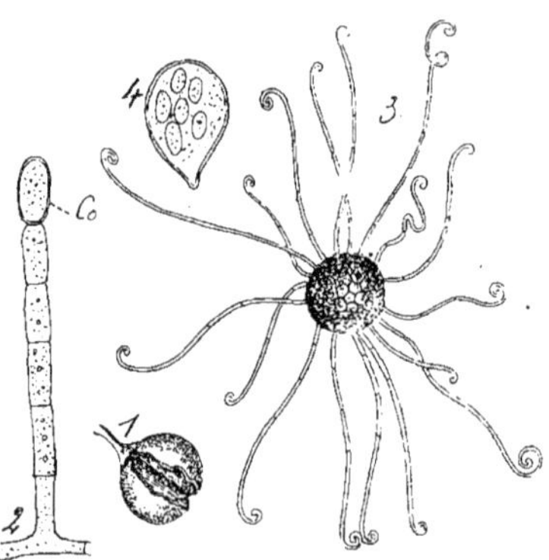

1. Grain de raisin envahi et fendu par la maladie. — 2. La forme conidienne (*Oïdium Tuckeri* Berkeley). — 3. Périthèce avec ses fulcres allongés et enroulés en crosse à l'extrémité. — 4. Asque (4 à 8 spores, ordinairement 6).

Traitement. — Il se résume dans l'emploi de la fleur de soufre, ou du soufre finement trituré en insufflations. Le traitement est ici véritablement curatif, car il détruit le parasite, presque exclusivement externe à la plante. Le soufre agit sur l'oïdium par la petite quantité d'acide sulfureux qu'il donne en s'oxydant en présence de la chaleur et de la lumière; aussi le traitement au soufre a-t-il peu d'action par les temps froids et brumeux. Par les temps chauds et très secs, il peut d'ailleurs arriver que les organes foliacés soient légèrement corrodés.

Le traitement doit être recommencé lorsque la pluie a lavé les organes de la vigne.

Les sulfures alcalins en solution ont été préconisés, mais ils sont sans avantage sur le soufre.

Anthracnose de la vigne.

(*Glœosporium ampelophagum* [de Bary] Saccardo [*Sphaceloma ampelinum* de Bary].)

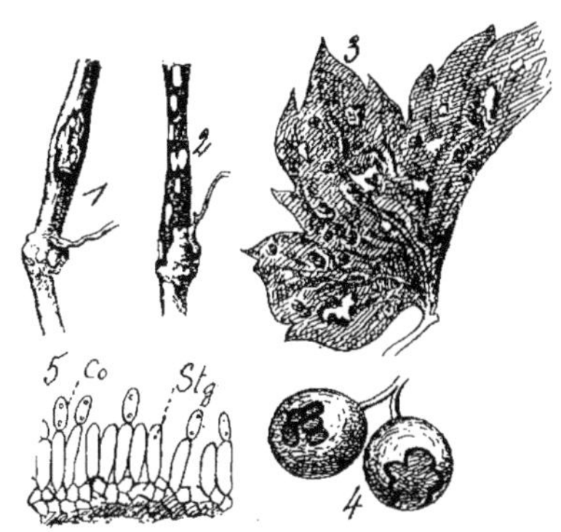

1. Sarment de vigne portant un chancre adulte. — 2. Plusieurs chancres jeunes. — 3. Feuilles présentant les macules brunes déchirées de l'anthracnose. — 4. Grains de raisin portant les macules. — 5. Portion de la fructification reposant sur le stroma mycélien : *Stg*, stérigmate ; *Co*, conidie.

Traitement. — Le traitement comprend un traitement d'été, pendant la période de végétation, et un traitement d'hiver.

Traitement d'été. — On applique sur la plante atteinte un premier traitement au soufre seul et pour les traitements suivants on ajoute de la chaux pulvérisée dont on porte la dose depuis 1/5 de la quantité de soufre jusqu'aux 3/5. Le nombre des traitements est en rapport avec l'intensité de la maladie.

Traitement d'hiver. — On fera la taille comme d'habitude, en enlevant autant de rameaux chancreux qu'il sera possible et on les brûlera. Puis, à l'aide d'un gros pinceau, ou d'un tampon de chiffons, au bout d'un bâton, on badigeonnera le cep entier avec le liquide suivant :

Sulfate de fer..	5o parties.
Eau..	1oo parties.
Acide sulfurique concentré	1 partie.

On versera l'acide sulfurique sur les cristaux de sulfate de fer, et ensuite on fera couler doucement l'eau tiède sur la masse en agitant avec un bâton.

La solution doit se faire dans un vase en grès ou en bois et les vignes ainsi traitées noircissent. Procéder à l'opération avant le débourrage, sinon les bourgeons seraient détruits. Une solution d'acide sulfurique à 1/10 rend les mêmes services.

Mélanose de la vigne.

(*Septoria ampelina* Berkeley et Curtis.)

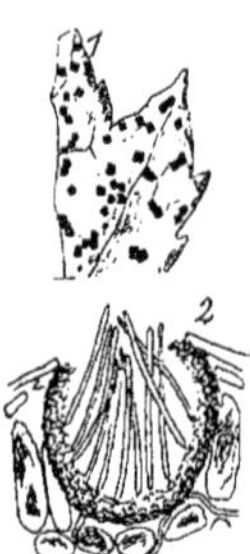

1. Portion de feuille de vigne (face supérieure) montrant les taches fructifées du parasite. — 2. Coupe transversale de la pycnide.

Traitement. — La maladie n'a pas de gravité et un traitement est à peu près inutile.

DÉFORMATIONS ET LÉSIONS DUES À DES ANIMAUX.

Phylloxéra de la vigne.

(Phylloxera vastatrix.)

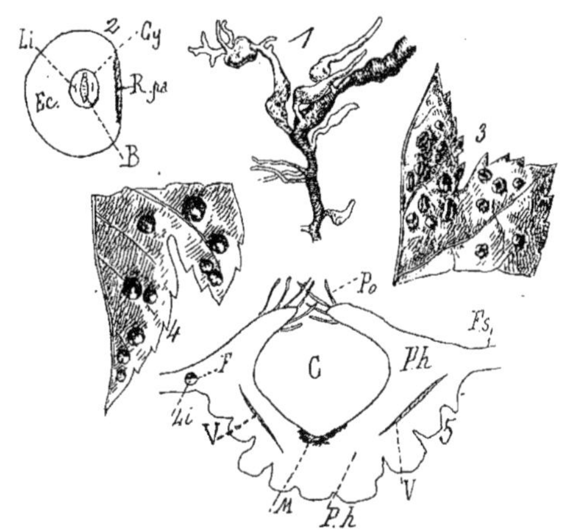

1. Racine de vigne attaquée par le phylloxéra : Racines hypertrophiées par places ; radicelles déformées. (D'après Max. Cornu.) — 2. Coupe transversale d'une radicelle au point d'intersection du phylloxéra : *R. pa*, partie morte ayant subi un arrêt de développement sous l'influence du phylloxéra : *E. c*, écorce de la racine ; *Cy*, cylindre central. — 3. Face supérieure de feuille de vigne américaine montrant l'ouverture des galles phylloxériques. — 4. Face inférieure de la même feuille montrant les galles phylloxériques proéminentes. — 5. Coupe transversale d'une galle phylloxérique sur feuille de vigne américaine : *F*, faisceau foliaire ; *C*, cavité gallaire ; *M*, portion profonde mortifiée de la galle ; *Ph*, parenchyme hypertrophié ; *V*, faisceaux libéro-ligneux de la galle.

Traitement. — Emploi du sulfure de carbone et du sulfocarbonate de potassium. Greffage de la vigne sur plants américains ou leurs hybrides.

Erinose de la vigne.

(*Phytoptus Vitis.*)

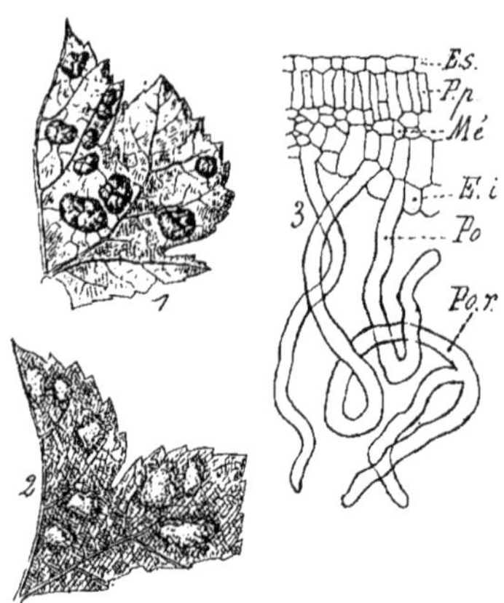

1. Face supérieure d'une portion de feuille de vigne présentant le gaufrage en relief de l'*érinose*. — 2. Face inférieure de la même feuille avec les gaufrages en creux dus au même parasite. — 3. Portion d'une coupe transversale de la même feuille : *Mé*, mésophylle; *Po*, poils résultant de l'hypertrophie des cellules épidermiques de la face inférieure; *Po. r*, les mêmes ramifiés.

Traitement. — Emploi des soufrages, et surtout dès l'apparition de l'érinose. Le dégât est généralement faible, mais plus rarement il peut s'accentuer par l'attaque des raisins.

MALADIES DES ARBRES FRUITIERS.

Maladie de la gomme des arbres à noyaux.
(Cerisier, prunier, abricotier, pêcher.)

Traitement. — La maladie de la gomme ne résulte pas de l'action d'un parasite spécial, elle est plus fréquente sur les arbres vieux ou en mauvais état de végétation et succède à des plaies quelconques : plaies de taille, plaies nombreuses d'insectes, plaies dues à certains parasites cryptogamiques, surtout le *Coryneum Beijerinckii*, sur les jeunes rameaux, du pêcher en particulier.

Le traitement n'est pas établi de façon définitive. On s'appliquera à donner à l'arbre les soins culturaux et les engrais appropriés. On combattra les insectes et les parasites, s'il en existe. On a conseillé aussi de pratiquer sur les arbres gommeux de longues incisions longitudinales, n'intéressant que l'écorce, et on explique l'action de ce procédé en considérant que la cicatrisation de cette plaie qui amène une certaine prolifération cellulaire déplace à son profit l'activité dont les îlots gommeux sont le siège.

MALADIE BACTÉRIENNE.

Tumeurs ou «tuberculose» de l'olivier.
(*Bacillus Oleæ* [Archangeli] Trevisan.)

1. Portion de rameau d'olivier, portant des tumeurs. — 2. Tumeurs jeunes sur une petite branche. — 3. Coupe transversale d'un rameau avec une tumeur. (D'après M. Prillieux.)

Traitement. — La bactérie pénètre toujours par les plaies : plaies d'insectes, meurtrissures dues au gaulage des arbres pour faire tomber les fruits. On ne peut que se borner à combattre les insectes ou les parasites et à faire la cueillette à la main.

MALADIES DUES À DES BASIDIOMYCÈTES.

Pourridié.

(Agaricus melleus.)

Fréquent sur le mûrier et le noyer dans le midi de la France, mais moins commun sur les arbres fruitiers (voir p. 37).

Polypores.

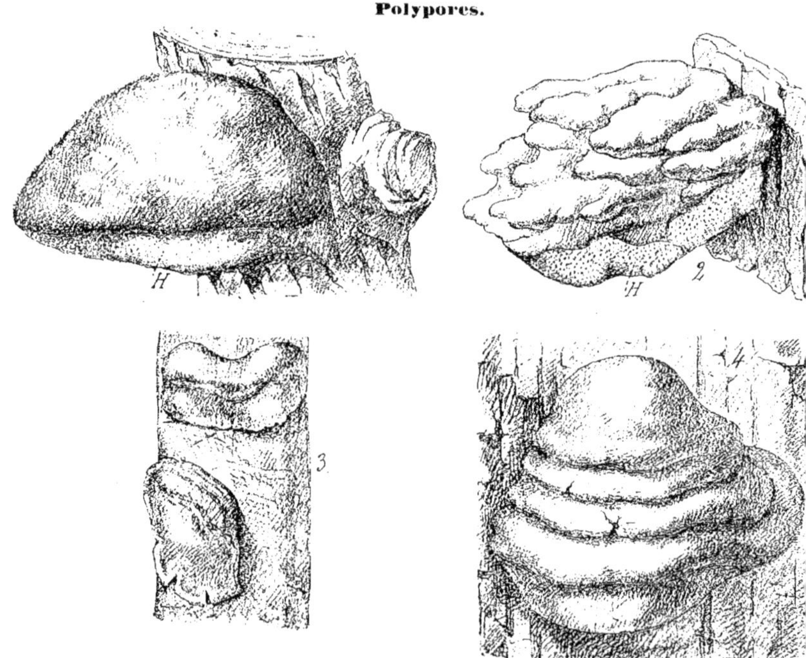

1. *Polyporus hispidus* (Bulliard) Fries, parasite sur mûrier blanc, pommier, noyer, *H*, hyménium. — 2. *Polyporus sulphureus* Fries, parasite sur poirier, noyer, châtaignier. — 3. *Polyporus fulvus* Fries [non Scopoli], parasite sur prunier. — 4. *Polyporus igniarius* (Linné) Fries (*Polyporus fulvus* Scopoli [non Fries]), parasite sur noyer, pommier, poirier.

(Réduction à demi-grandeur naturelle environ.)

Traitement. — Il se borne à enlever le polypore et le bois malade avec une portion de bois sain, quand on peut le faire sans compromettre gravement l'existence ou le rendement de l'arbre.

La plaie sera recouverte de la solution préconisée pour le traitement d'hiver de l'anthracnose de la vigne (p. 45) et, après dessiccation, de coaltar ou d'un onguent quelconque.

Rouille du prunier.

(*Puccinia Pruni* Persoon.)

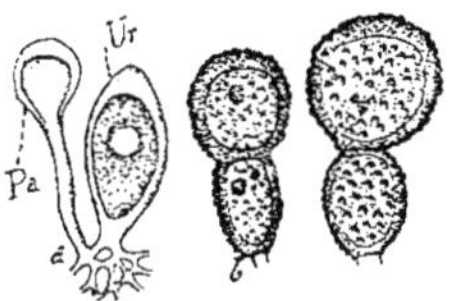

a. Paraphyse. *Pa*, et urédospore, *Ur*. — *b.* Différentes formes de téleutospores (verruqueuses).

Rouille du framboisier.

(*Phragmidium Rubi-Idæi* [De Candolle] Karsten.)

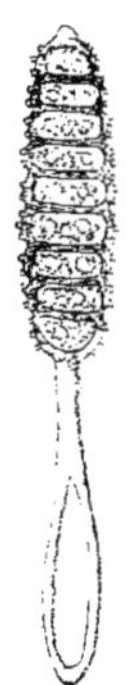

Une téleutospore isolée.

Traitement des rouilles des arbres. — Le traitement aux bouillies cupriques, peu actif, est à peu près inutile et trop onéreux, surtout sur le prunier.

Rouille du poirier.

(*Gymnosporangium Sabinæ* [Dickson] Winter [*G. fuscum* OErstedt]. —
Ræstelia cancellata.)

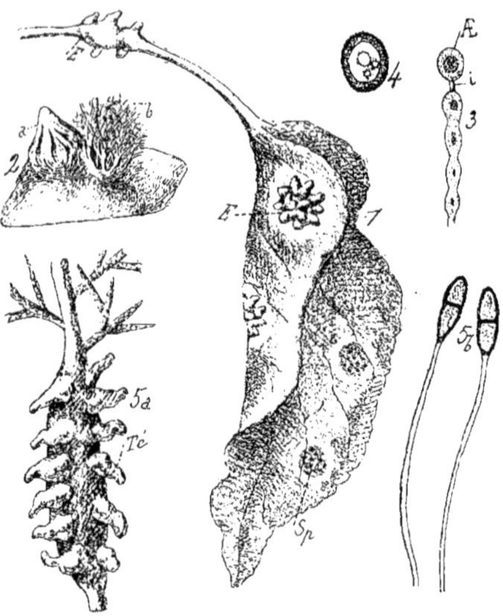

1. Une feuille de poirier portant sur la face supérieure du limbe les spermogonies, *Sp*; sur la face inférieure du limbe (aux places correspondant aux spermogonies), et sur le pétiole, les æcidiums (*Ræstelia cancellata*). Grandeur naturelle. — 2. La forme *Ræstelia*. En *a*, æcidium encore presque fermé; en *b*, æcidium entièrement ouvert (par dilacération des parois). — 3. File d'æcidiospores, *Æ : i*, isthme séparant les æcidiospores mûres. (D'après M. Sorauer.) — 4. Une æcidiospore mûre (finement hérissée). — 5 *a*. Portion hypertrophiée d'un rameau de genévrier sabine portant les masses gélatineuses de téleutospores, *Tc* (forme *Gymnosporangium*). Grossi une fois et demie. — 5 *b*. Téleutospores isolées.

Traitement. — Le champignon, pour se perpétuer, doit passer nécessairement du poirier sur le genévrier sabine et réciproquement. Si donc, dans une région donnée, l'un des deux supports disparaît, le champignon a le même sort. D'où il résulte que la suppression de la sabine est le seul moyen de protéger efficacement le poirier contre l'infection de la rouille. Cependant le champignon a été vu sur poirier, alors que les sabines étaient inconnues dans la contrée, ce qui paraît prouver que le vent peut apporter les spores de très loin. D'ailleurs le genévrier de Virginie, le genévrier oxycèdre et le pin d'Alep peuvent aussi donner asile à la forme *Gymnosporangium*.

En aspergeant les feuilles très jeunes du poirier avec une bouillie bordelaise faible (1 p. 100) de sulfate de cuivre et *neutre* au papier de tournesol, — car les feuilles de poirier sont très sensibles aux corrosions, — on les protège efficacement contre l'invasion due à la germination de téleutospores venant du genévrier, et aussi contre d'autres parasites.

MALADIES PRODUITES PAR DES ASCOMYCÈTES.

Cloques et balais de sorcière.

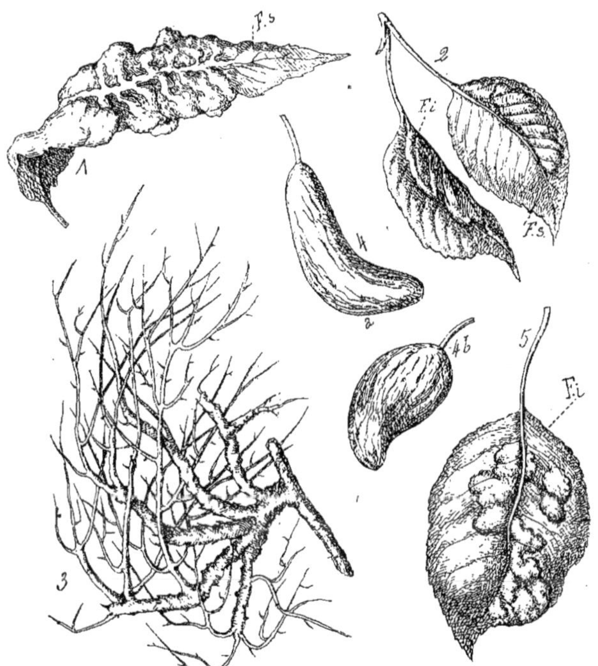

1. Feuille de pêcher atteinte de la maladie de la « cloque » produite par l'*Exoascus deformans* (Berkeley) Fuckel : F. s., face supérieure portant les asques. — 2. Feuille de cerisier attaquée par une « cloque » due à l'*Exoascus Cerasi* (Fuckel) Sadebeck : F. s., portion renflée de la face supérieure où se trouvent les asques. — 3. Balai de sorcière sur rameau de cerisier, produit par l'*Exoascus Cerasi*. — 4. Prunes déformées et stérilisées (*pochettes*) a, b, par l'*Exoascus Pruni* Tulasne ; les asques se trouvent à leur surface. — 5. Feuille de poirier attaquée par la « cloque » du *Taphrina bullata* (Berkeley et Broome) Tulasne. A la face inférieure F. i., sur les portions concaves, se trouvent les asques.

Cloques et balais de sorcière. *(Suite.)*

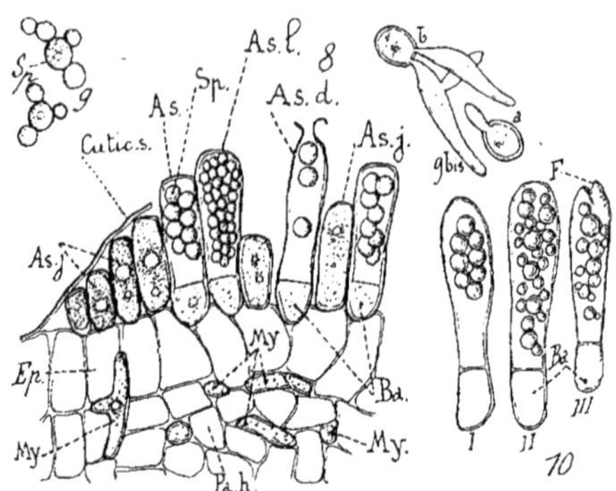

8. Coupe transversale d'une feuille de pêcher attaquée par l'*Exoascus deformans* : *Cutic. s*, cuticule supérieure ; *As*, asque mûr avec ses huit spores, *Sp* ; *As. l.*, asque dont les spores sont en voie de bourgeonnement dans la cavité même ; *As. d*, asque déhiscent montrant la sortie des spores ; *Ba*, la cellule basilaire de l'asc ; *As. j*, asque jeune où les spores et la cloison basilaire ne sont pas encore différenciées ; *Ep*, épiderme ; *Pa. h*, parenchyme hypertrophié et dépourvu de chlorophylle dans la région cloquée ; *My*, le mycélium. (Grossissement environ 36o.) — 9. Spores de l'*Exoascus deformans* issues de l'asque et germant par bourgeonnement (forme levures). (Grossissement 6oo environ.) — 9 *bis*. Germination des spores par production de filaments sur feuilles de pêcher. (D'après M. Newton B. Pierce.) — 10. Asque de l'*Exoascus Pruni* : I, encore jeune ; II, les spores bourgeonnant en levures ; III, asque en voie de déhiscence. (Grossissement 45o.)

Traitement des cloques. — Il est nécessaire d'abord de recueillir et brûler tous les organes atteints : feuilles des pêchers, cerisiers, poiriers, balais de sorcière de cerisier, fruits déformés du prunier. D'un autre côté, pour les champignons du genre *Exoascus*, comme les filaments du mycélium existent non seulement dans l'organe atteint (feuille, fruit ou rameau) et qu'il y persiste, car c'est ainsi que la maladie se transmet d'une année à l'autre et se reproduit régulièrement, on enlèvera tous ces rameaux jeunes pendant l'hiver, au risque de nuire un peu à la fructification.

Dès l'apparition des feuilles, on pulvérisera sur les arbres une bouillie bordelaise assez faible (1.5 pour 100) de sulfate de cuivre et neutre au papier de tournesol ; on pourrait même, pour plus de sûreté, badigeonner l'arbre entier avant débourrage avec une bouillie à 10 p. 100 de sulfate de cuivre et 5 p. 100 de chaux.

Les arbres très gravement atteints de cloques (pêchers surtout) seront arrachés dès que le rendement sera insuffisant. On supprimera ainsi des sources actives de contagion.

Taches des feuilles de mûrier.

(Sphærella Mori Passerini.)

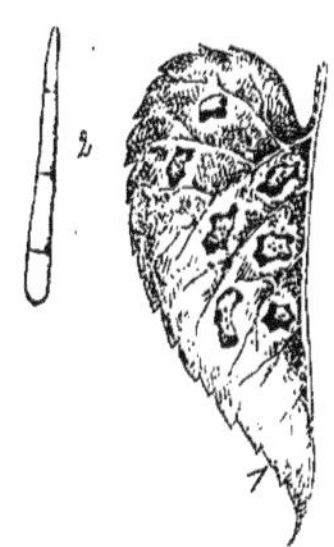

1. Portion de feuille de mûrier blanc montrant les macules avec les points noirs de la forme pycnide (*Phleospora Mori*) Saccardo — *Septoglœum Mori* Briosi et Cavara). — 2. Un asque octospore.

Traitement. — On ne peut en faire aucun, à cause de l'usage de la feuille. Les vers à soie contournent les taches sans les manger.

Taches pourpres des feuilles de fraisier.

(Sphærella Fragariæ [Tulasne] Saccardo (*Stigmatea F.* Tulasne.)

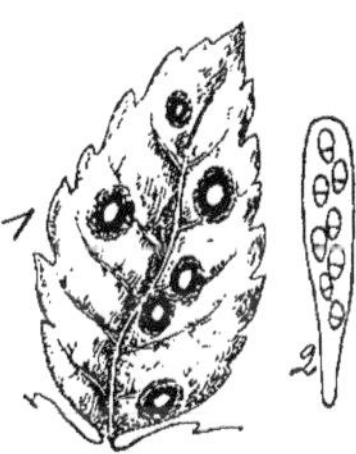

1. Une foliole de fraisier présentant des macules à bord pourpre foncé sur lesquelles apparaissent les fructifications. — 2. Asque octospore.

Traitement. — Enlever au commencement du printemps toutes les feuilles tachées et pulvériser le reste à la bouillie bordelaise. On a également conseillé l'emploi d'une solution faible (1 p. 150 ou 200 d'eau au plus) de sulfure de potassium (foie de soufre).

Chancre des arbres fruitiers.
(*Nectria ditissima* Tulasne.)

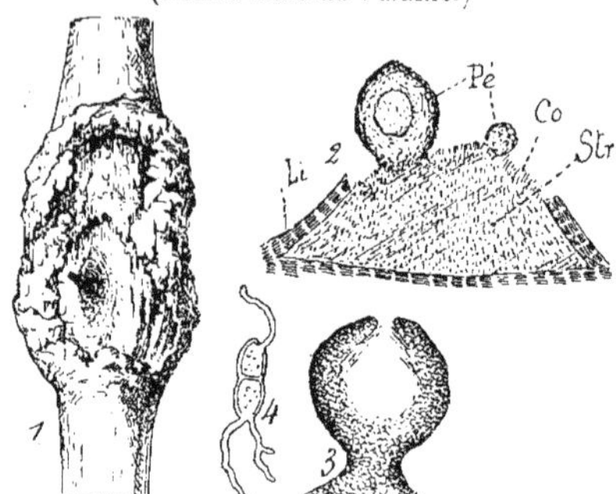

1. Rameau de pommier portant un chancre développé. — 2. Coupe transversale dans un stroma fructifié, *Str.*, présentant à la fois des conidies, *Co*, et des périthèces, *Pé*. — 3. Un périthèce en coupe longitudinale. — 4. Germination d'une ascospore.

Traitement. — Il consiste à enlever avec un instrument approprié toute la partie de bois altéré qui forme le chancre et l'entoure, et de faire subir au bois dénudé et à l'écorce environnante le traitement d'hiver de l'anthracnose de la vigne (voir p. 45). Recouvrir ensuite de coaltar ou d'un onguent. Veiller à ne pas prendre de greffon sur un arbre chancreux.

Pourridiés du mûrier.
(*Rosellinia necatrix.*)

Voir p. 41.

(*Rosellinia aquila* [Fries] de Notaris.)

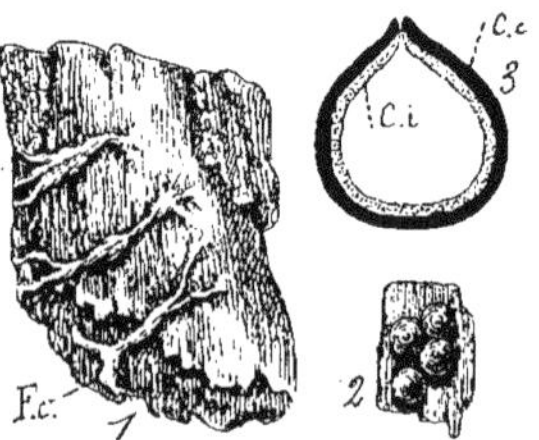

1. Fragment de racine de mûrier portant le mycélium aggloméré en cordons filamenteux. — 2. Fragment d'une racine de mûrier avec des périthèces ascospores. — 3. Coupe d'un périthèce passant par l'ostiole : *C. i*, écorce interne ; *C. e*, écorce externe.

Traitement. — Ce champignon est fréquent sur le mûrier et est un des parasites qui produisent la « maladie des racines ». Les autres sont l'*Agaricus melleus* (voir p. 38) et le *Rosellinia necatrix* (voir p. 41). Le *Rosellinia aquila* est beaucoup plus rare sur la vigne et les arbres fruitiers. Le traitement est le même que celui du pourridié du *Rosellinia necatrix* (voir p. 41).

Pourridié des arbres fruitiers.

(*Rosellinia necatrix.*)

Voir p. 41.

Taches des feuilles et fruits des arbres à noyau.

(*Asterula Beijerinckii* [Vuillemin] Saccardo. — *Coryneum Beijerinckii* Oudemans.)

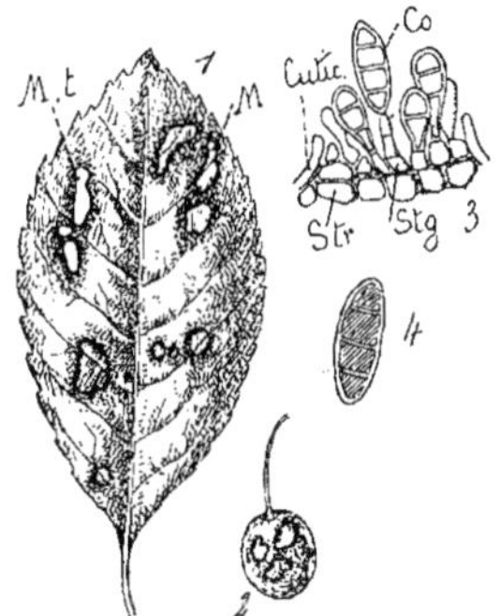

1. Feuille de cerisier portant des macules brunes, *M*, à marge noire subérisée de la forme *Coryneum* ; en *M. t.*, les macules se sont détachées. — 2. Macules sur cerise encore verte. — 3. Fructification de *Coryneum* sur macule tombée, produite pendant l'été : *Cutic.*, cuticule ; *Str*, stroma ; *Stg*, stérigmate ; *Co*, conidie. — 4. Conidie brun clair isolée.

Traitement. — Enlever autant qu'il est possible les taches sur feuilles avant que la partie jaunie ne s'en soit détachée et les brûler ; agir de même pour les fruits tachés et même les rameaux (pêcher surtout). Pulvériser copieusement et à plusieurs reprises les arbres à noyau avec la bouillie bordelaise.

Blanc des arbres fruitiers.

(*Microsphæra Grossulariæ* Wallroth et *Podosphæra tridactyla* de Bary.)

Traitement. — Ces champignons forment des taches blanches ressemblant à des poussières sur les feuilles, le premier sur le groseillier, le second sur le pommier. On doit les traiter à ce moment par les soufrages, comme l'oïdium de la vigne (voir p. 44).

Blanc des feuilles de coignassier et momification des fruits.

(*Stromatinia Cydoniæ* Prillieux et Delacroix [*Stromatinia Linhartiana* Prillieux et Delacroix].
Sclerotinia Cydoniæ Schellenberg.)

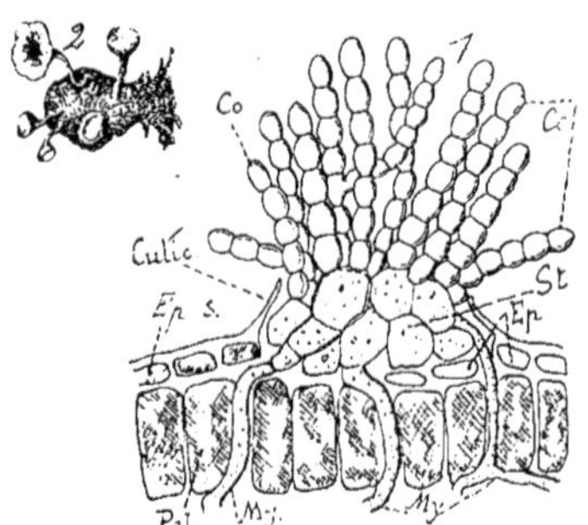

1. Coupe transversale d'une feuille de coignassier à l'endroit d'une fructification conidienne de la forme *Monilia* : *Ep. s*, épiderme de la face supérieure de la feuille ; *Cutic.*, cuticule ; *Pal.*, cellules en palissade ; *My*, mycélium ; *St*, stroma ; *Co*, conidies en chaines.

Traitement. — Ce champignon se développe sous forme de moisissure d'odeur suave, sur les feuilles, au printemps. Les conidies produites infectent la fleur, le jeune fruit tombe, durcit, et au printemps suivant donne la fructification défini-tive dont les spores infectent les fleurs. Il suffit de récolter les jeunes fruits qui tombent et *les brûler* pour arrêter l'extension de la maladie.

Moisissure grise des fruits.

(Monilia fructigena Persoon.)*

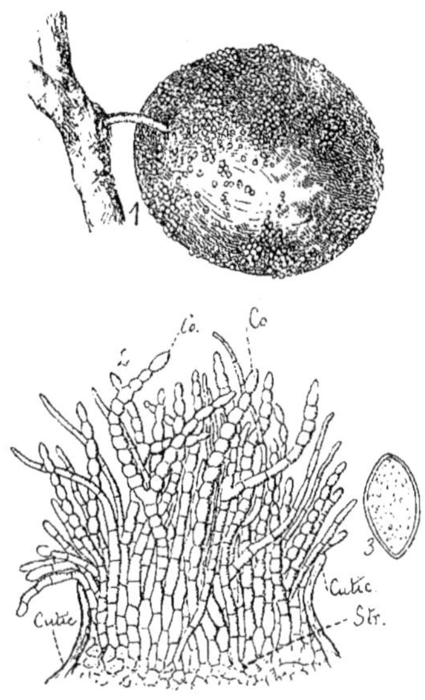

1. Une prune envahie portant les fructifications. — 2. Coupe transversale d'une fructification : *Co*, conidies en chaînes; *Str.*, stroma; *Cutic.*, cuticule du fruit. — 3. Une conidie isolée. (Grossissement 600 environ.)

Traitement. — Cette maladie cause un préjudice considérable dans les vergers, où elle attaque pommes, poires, prunes, pêches, cerises. On devra récolter les fruits dès qu'ils seront atteints et les détruire par le feu.

À la fin de l'hiver, passer sur toute la surface de l'arbre une bouillie bordelaise forte à 10 p. 100 de sulfate de cuivre et 5 p. 100 de chaux.

Taches blanches des feuilles de poirier.

(*Septoria piricola* Desmazières.)

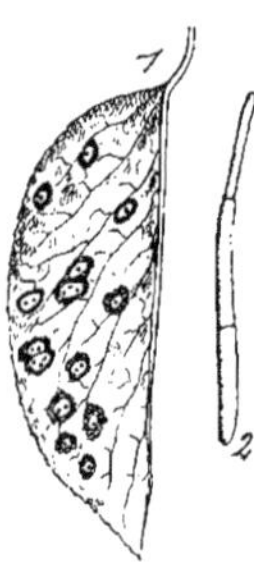

1. Feuille de poirier portant les macules fructifiées du champignon. — 2. Une stylospore isolée.

Traitement. — Pulvérisations à la bouillie bordelaise neutre au papier de tournesol.

Javart des châtaigniers.

(*Diplodina Castaneæ* Prillieux et Delacroix.)

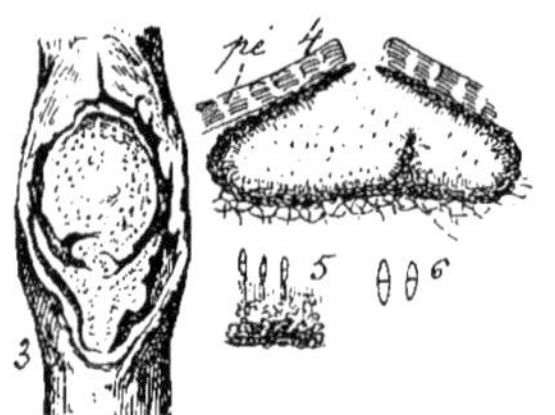

3. Tige jeune de châtaignier montrant le chancre fructifié du javart. — 4. Coupe de la pycnide. — 5. Stylospores et stérigmates. — 6. Stylospores isolées.

Traitement. — Le javart commet des dégâts importants dans les taillis de châtaigniers. Il importe de couper et brûler les tiges atteintes.

Tavelures.

(*Fusicladium pirinum* [Wallroth] Fuckel produisant la «tavelure» des poiriers.)

(*Fusicladium dendriticum* [Libert] Fuckel produisant la «tavelure» des pommiers.)

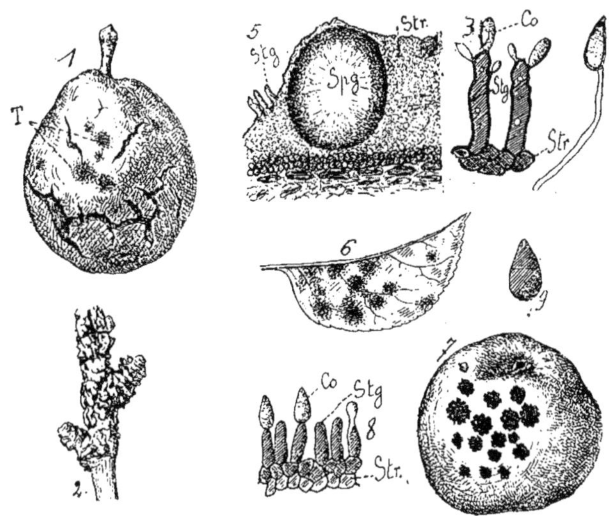

1. Poire présentant les crevasses de la tavelure : *T*, taches fructifiées. — 2. Extrémité d'un rameau de poirier crevassé par la tavelure. — 3. Fructification conidienne sur le stroma, *Str* : *Stg*, stérigmate; *Co*, conidie. — 4. Une conidie germant. — 5. Une spermogonie, *Sp. g*, sur un stroma de tige. — 6. Feuille de pommier portant les taches du parasite. — 7. Pomme présentant des taches de tavelure. — 8. Fructification conidienne sur le stroma. — 9. Conidie mûre (uniseptée).

Traitement. — La tavelure des poires est la plus nocive; elle attaque feuilles, fruits, rameaux et se conserve d'une saison à l'autre sur l'extrémité de ces derniers. A la taille, on enlèvera et on brûlera ces rameaux crevassés. On badigeonnera l'arbre au pinceau avec une bouillie bordelaise forte à 12 ou 15 p. 100 de sulfate de cuivre et 7 à 8 p. 100 de chaux. Puis, dès la floraison terminée, on pulvérisera sur les feuilles une bouillie bordelaise *faible* à 1.5 p. 100 de sulfate de cuivre, neutre au papier de tournesol, pulvérisation qui sera renouvelée aussi souvent qu'il sera nécessaire, par suite des pluies. Indépendamment de ces procédés de lutte contre la maladie, on peut protéger les fruits de luxe en les entourant d'un sachet fermé et on ne les met à l'air qu'une dizaine de jours avant de les cueillir. Le doyenné d'hiver est parmi les poiriers le plus sensible à la tavelure.

Le traitement de la tavelure des pommiers est en tous points le même.

Anthracnose du noyer.

(*Marsonia Juglandis* [Libert] Saccardo.)

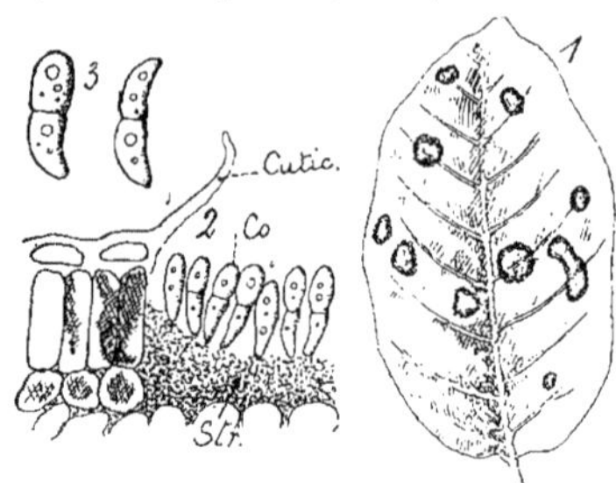

1. Foliole de noyer couverte des taches du parasite. — 2. Coupe transversale d'une feuille, face supérieure, montrant la fructification reposant sur le stroma, *Str.* — 3. Deux conidies isolées.

Traitement. — Ce parasite attaque les feuilles, les fruits, les jeunes rameaux, et diminue sensiblement la récolte dans les années humides. Les pulvérisations cupriques sont utiles, mais trop coûteuses et difficiles à exécuter.

PHANÉROGAMES PARASITES.

(*Gui* [Viscum album].)

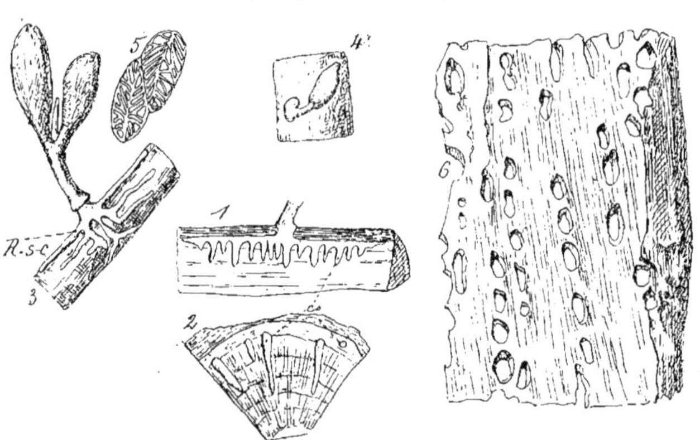

1. Coupe transversale et 2. Coupe longitudinale d'une tige parasitée : *Co*, les coins pénétrant le bois. — 3. Jeune plant de gui implanté sur pommier décortiqué : *R. s-c*, racines sous-corticales d'où partent les coins. — 4. Germination de la graine de gui (d'après Schacht). — 5. Cellules vasculaires réticulées de la tige de gui. — 6. Coupe longitudinale dans une grosse branche de pommier, montrant les perforations faites par les suçoirs du gui.

Traitement. — Le seul moyen d'arrêter la propagation du gui est la destruction obligatoire, non seulement sur les arbres fruitiers, mais aussi sur tous les autres où on en peut rencontrer: peupliers, acacia, aubépine, etc. Il repousse, il est vrai, mais ne donne pas de fleurs pendant un an ou deux. En réalité, les arrêtés préfectoraux rendent bien cette destruction obligatoire, comme celle des chardons; malheureusement les autorités municipales ne se préoccupent guère en général de son exécution.

En France, le gui attaque surtout le pommier et le poirier; dans les régions plus élevées (Cévennes) on le voit parfois sur châtaignier et noyer.

MALADIES ET HYPERTROPHIES
DUES À DES ANIMAUX.

Cloque du poirier.

(*Phytoptus Piri.*)

Face supérieure d'une feuille de poirier atteinte de la «cloque» du phytopte.

Traitement. — La cloque du phytopte, même très abondante, est généralement une maladie bénigne; on la combat par des insufflations de fleur de soufre appliquées dès l'apparition des cloques.

On devra la différencier de la «cloque» due au *Taphrina bullata.* (Voir p. 53 et 54.) Dans cette dernière, les bulles sont plus larges, seulement convexes à la face supérieure, concaves à la face inférieure; ici elles sont plus petites, convexes sur les deux faces.

Tumeurs du puceron lanigère.

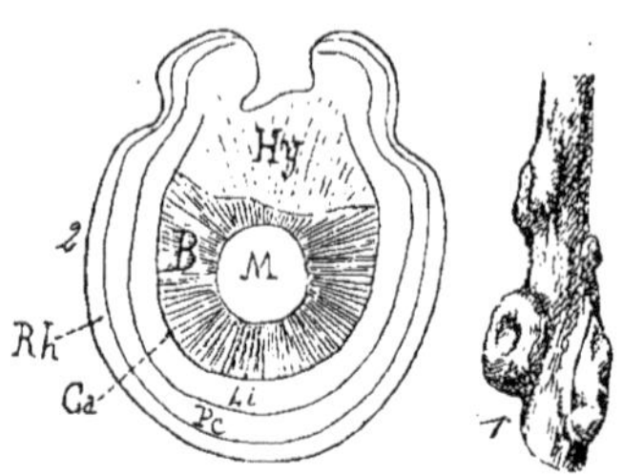

1. Tige de pommier portant les hypertrophies produites par le puceron lanigère. — 2. Coupe transversale dans l'une de ces tumeurs : *Rh*, liège ; *P.c.* parenchyme cortical ; *Li*, liber ; *Ca*, cambium ; *B*, bois ; *M*, moelle ; *Hy*, parenchyme hypertrophié produit par l'action irritative du puceron.

Traitement — Combattre le puceron lanigère par les moyens appropriés; exciser les tumeurs et traiter comme des blessures. (Voir pl. XLV.)

Cloque du groseillier.

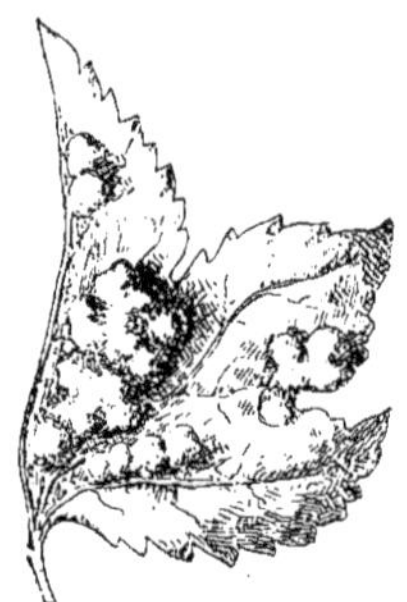

Portion de la face supérieure d'une feuille de groseillier montrant la cloque due à un puceron (*Aphis*).

Traitement. — Combattre le puceron et au besoin enlever au préalable et brûler les feuilles cloquées, dont le traitement par les insecticides est difficile à effectuer.

MALADIES DE DIVERSES PLANTES
(INDUSTRIELLES OU AUTRES).

MALADIE DUE À UNE CHYTRIDINÉE.

Brûlure du lin.

(*Asterocystis radicis* de Wildeman.)

Traitement. — Cette maladie attaque gravement les racines des lins et les fait périr. On la voit aussi sur un certain nombre d'autres plantes, moutarde, par exemple. On se mettra à l'abri de la maladie par une alternance rationnelle de la culture, en extirpant régulièrement les mauvaises herbes dont quelques-unes envahies perpétueraient la maladie dans le sol.

MALADIE DUE À UNE PÉRONOSPORÉE.

Pourriture des semis.

(*Pythium de Baryanum* Hesse.)

Traitement. — Cette maladie attaque les semis de cameline et de quelques autres plantes, mais plus rarement : maïs, millet, **tabac**, etc. On supprimera le semis et on l'établira sur un autre sol.

MALADIE DUE À UNE URÉDINÉE.

Rouille du lin.

(*Melampsora Lini.*)

Petites masses jaunes d'or sur les feuilles, dues à l'urédo.

Traitement. — Aucun de pratique.

9

MALADIE DUE À UN ASCOMYCÈTE.

Blanc du houblon.

(Sphærotheca Castagnei Léveillé.)

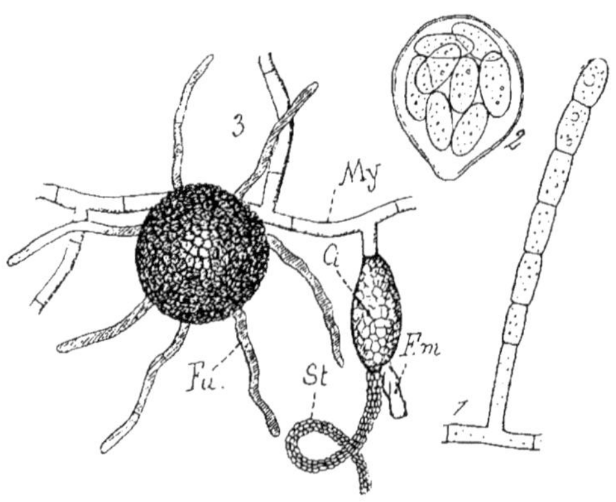

1. La forme conidienne (*Oidium*). — 2. Périthèce, avec ses fulcres brunâtres, *Fu*. Le mycélium, *My*, porte la pycnide parasite, *Ci*, du *Cicinnobolus Cesatii*, sur le trajet d'un filament : *F. m*, partie terminale morte du filament parasité qui porte la pycnide : *St*, les stylospores de *Cicinnobolus* s'échappant en un fil. — 3. Asque octo-spore, *unique*, du périthèce.

Traitement. — Soufrages comme pour l'oïdium de la vigne. (Voir pl. XXXIX.)

MALADIES DUES À DES PHANÉROGAMES.

Cuscute du lin.

(Cuscuta epilinum.)

Voir cuscute du trèfle p. 22.

Orobanche rameuse.

(Phelipæa ramosa.)

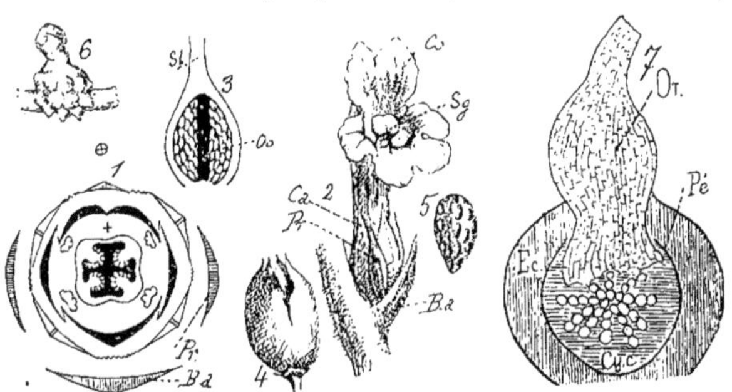

1. Diagramme de la fleur de l'orobanche rameuse : *B. a*, bractée axillante ; *Pr*, préfeuilles. — 2. La fleur du même. — 3. Coupe longitudinale médiane de l'ovaire. — 4. Le fruit. — 5. La graine très grossie. — 6. Jeune orobanche rameuse développée sur une racine et montrant des rudiments de racine. (D'après M. L. Koch.) — 7. Coupe longitudinale d'une jeune orobanche ayant pénétré une racine : *Or*, l'orobanche : *Ec*, écorce de la racine : *Pé*, son péricycle ; *Cy. c*, son cylindre central. (Schématisé, d'après M. L. Koch.)

Traitement. — L'orobanche rameuse attaque gravement le chanvre, le tabac; moins fortement la tomate. Les graines, comme celles des orobanches, en général, sont très petites et peuvent rester au moins dix ans dans le sol sans germer, tout en restant vivantes, en attendant le support convenable. D'où résulte le traitement général : évincer pendant très longtemps de l'assolement les plantes capables d'être atteintes, si la chose est possible — la chose a moins d'importance pour les plantes ne séjournant qu'une saison dans le sol —; puis enlever avec le plus grand soin les inflorescences d'orobanche à mesure qu'elles paraissent et avant la formation de la graine, pour éviter la contamination du sol par les graines.

TABLE DES MATIÈRES.

www.ingramcontent.com/pod-product-compliance
Ingram Content Group UK Ltd.
Pitfield, Milton Keynes, MK11 3LW, UK
UKHW022114070726
13613UKWH00003B/1061